JAMES WATT

BUSINESS FÜR PUNKS

JAMES WATT

BUSINESS FÜR PUNKS

BRICH ALLE REGELN!

ÜBERSETZUNG AUS DEM ENGLISCHEN VON JORDAN T. WEGBERG

REDLINE | VERLAG

Bibliografische Information der Deutschen Nationalbibliothek:
Die Deutsche Nationalbibliothek verzeichnet diese Publikation in der Deutschen Nationalbibliografie; detaillierte bibliografische Daten sind im Internet über **http://d-nb.de** abrufbar.

Für Fragen und Anregungen:
lektorat@redline-verlag.de

1. Auflage 2016

Nymphenburger Straße 86
D-80636 München
Tel.: 089 651285-0
Fax: 089 652096

Die englische Originalausgabe erschien 2015 bei Penguin Books Ltd., London, unter dem Titel *Business for Punks*.

Übersetzung: Jordan T. Wegberg, Berlin
Redaktion: Desirée Šimeg, Stadtbergen
Umschlaggestaltung: nach dem Original von Rob Mackay
Satz: Carsten Klein, München
Druck: Florjancic Tisk d.o.o., Slowenien
Printed in the EU

ISBN Print 978-3-86881-642-6
ISBN E-Book (PDF) 978-3-86414-915-3
ISBN E-Book (EPUB, Mobi) 978-3-86414-914-6

Weitere Informationen zum Verlag finden Sie unter

www.redline-verlag.de

»Wenn wir alles in Zweifel ziehen,
weil wir es nicht mit Sicherheit wissen können,
verhalten wir uns in etwa so klug wie jemand,
der seine Beine nicht benutzt,
sondern bloß dasitzt und zugrunde geht,
weil er keine Flügel hat, um zu fliegen.«

John Locke (Philosophie-Punk)

INHALT:
ZUTATEN FÜR EINE BUSINESS-REVOLUTION

VORWORT: HALLO, LASST UNS DIE WELT VERÄNDERN

»Aus meiner Sicht heißt Punk, ein Individuum zu sein und gegen den Strom zu schwimmen.«

Johnny Ramone (Punk-Archetyp)

»Ich habe immer gesagt, dass Punk eine Einstellungssache ist … Es hatte was mit Zerstörung zu tun und mit dem kreativen Potenzial, das darin liegt.«

Malcolm McLaren (Ur-Punk)

In den 1970er-Jahren veränderte Punkrock die Welt. Er war mehr als einfach nur Musik. Er war ein kulturelles Phänomen. Unser Business bei BrewDog ist auf der Punk-Mentalität aufgebaut. Im Kern geht es bei Punk darum, die Fähigkeiten zu erlernen, die man braucht, um etwas zu seinen eigenen Bedingungen zu tun. Bei BrewDog lehnen wir den Status quo ab, wir sind engagiert, wir pfeifen auf alle und wir machen immer Dinge, mit denen wir uns selbst treu bleiben. Von Anfang an hatten wir einen antiautoritären und nonkonformistischen Ansatz.

Inspiriert von allem, was Punk ist, wollten wir eine zeitgemäße Rebellion gegen massenmarktkonforme Biersorten ohne jeden Geschmack anzetteln und eine knallharte Revolte gegen Marken, die so nichtssagend sind, dass man sie sofort wieder vergisst. Wir entschieden uns für eine anarchistische, zweifelsohne waghalsige Do-it-yourself-Vorgehensweise, rissen das Business-Regelwerk in Fetzen und machten unser eigenes Ding. Die Ergebnisse waren überwältigend.

Rückblende auf das Jahr 2007. In einem Schuppen in einem abgelegenen, gottverlassenen Industriegebiet im Nordosten Schottlands erblickte BrewDog das Licht der Welt. Martin Dickie (mein bester Freund) und ich gründeten eine winzig kleine Brauerei mit einer riesengroßen Mission: die Braubranche des Vereinigten Königreichs zu revolutionieren und die britische Bierkultur komplett umzukrempeln. Dieses Buch dokumentiert die Philosophie hinter unserer wilden Achterbahnfahrt, aus der BrewDog als umwälzender Katalysator für die Craft-Beer-Bewegung in Großbritannien und darüber hinaus hervorgegangen ist.

Vor der Gründung von BrewDog hatte ich meiner Anwaltskarriere den Rücken gekehrt und mich an den wogenden Wassern des stürmischen Nordatlantiks versucht, zunächst an Deck eines Tiefseetrawlers und schließlich als voll ausgebildeter Kapitän. Fünf Berufsjahre in einer der rausten Umgebungen der Welt und bei der Kapitänsausbildung lehrten mich enorm viel über Menschen, Führung, Teamwork und Rückschläge. Es war unglaublich hart, aber ich habe jede Sekunde davon geliebt. Die ultimative effektive Führung einer Besatzung muss von oben nach unten, von unten nach oben und in jeder anderen Richtung dazwischen erfolgen.

Viele meiner unorthodoxen Business-Strategien, die dem Piratenschiff BrewDog Wind in die Segel geblasen haben, wurden auf dem stürmischen Atlantik geprägt. In einem der gefährlichsten Jobs der Welt gibt es keinen Platz für Zweifel; das Risiko lauert überall, die Führung muss ebenso schnell wie entschlossen sein und Überleben ist immer der erste Schritt zum Erfolg. Es ist mir schwergefallen, die Kapitänsmütze an den Nagel zu hängen, aber ich hatte etwas entdeckt, das ich sogar noch mehr liebte als die See: Craft Beer.

Schon immer hatte ich mich für Bier begeistert, und mit dem Hausbrauen fing ich 2004 als Vergeltungsschlag an, als Martin und ich in unserer Garage einen Sturm zusammenbrauten. Die zufällige Begegnung mit dem legendären britischen Bierspezialisten Michael Jackson führte dazu, dass Martin und ich den Schritt wagten, unseren Traum zu verwirklichen und unsere erste eigene Craft-Brauerei zu gründen. Nachdem Michael eines unserer selbst hergestellten Gebräue verkostet hatte, sagte er, wir sollten unsere Jobs aufgeben und mit dem Bierbrauen anfangen. Das war der letzte Rat, dem wir jemals folgten.

In den letzten vier Jahren war BrewDog offiziell der am schnellsten wachsende Nahrungsmittel- und Getränkehersteller in Großbritannien und gleichzeitig der am schnellsten wachsende Bar- und Restaurantbetreiber und führte damit die Wachstums-Hitlisten nicht nur in einem, sondern in zwei Branchenbereichen an, während sowohl das einheimische als auch das internationale Geschäft zusehends stärker wurde. Unser Betrieb, der mit nur 30 000 Pfund* angefangen hat, verzeichnet mittlerweile einen Umsatz von über 50 Millionen Pfund und hat in jedem einzelnen Jahr seit seiner Gründung solide Gewinne erzielt.

WIR RISSEN DAS BUSINESS-REGELWERK IN FETZEN UND MACHTEN UNSER EIGENES DING.

Was 2007 mit zwei Menschen und einem Hund begann, ist in weniger als acht Jahren auf natürliche Weise zu einem Unternehmen angewachsen, das 500 Personen beschäftigt. Wir liefern unsere BrewDog-Biere in über 50 Län-

* *Im ganzen Buch wird Pfund als Währung angegeben. Die Beispiele funktionieren selbstverständlich auch in Euro.*

der, denn wir möchten die Wahrnehmung der Menschen dessen, was Bier ist, hinterfragen und im Endeffekt andere mit unserer Leidenschaft für Craft Beer anstecken, indem wir Geschmacksvielfalt und Handwerkskunst wieder in die Biergläser zurückbringen. Martin und ich machen außerdem die langlebigste Biersendung der Fernsehgeschichte: *BrewDogs* wird mittlerweile in über 20 Ländern ausgestrahlt.

Unsere Brauerei, immer noch im Nordosten Schottlands, ist eine der technisch höchstentwickelten und umweltfreundlichsten der Welt. Zusätzlich zu unserer topmodernen Brauerei besitzen und betreiben wir nun über 40 BrewDog-Craft-Beer-Bars an Flagship-Standorten in Tokio, London, Edinburgh, São Paulo, Rom, Barcelona, Helsinki, Berlin und Stockholm. Und vor Kurzem haben wir mit dem Bau einer Flagship-Brauerei in Columbus, Ohio, begonnen.

Fast ohne Startkapital ein ambitioniertes kleines Unternehmen zu gründen ist draufgängerisch, turbulent – und macht einsam. Unsere selige Naivität und unser Mangel an Erfahrung erwiesen sich als unser größter Trumpf. Wir wussten nicht, wie man so was macht, also gingen wir einfach ans Werk und machten es auf unsere eigene Weise. Und bei der Gelegenheit schufen wir unabsichtlich einen völlig neuen Geschäftsansatz. *Business für Punks* umreißt diese revolutionäre Philosophie und beschreibt, dass es gute wie auch schlechte Seiten hat, wenn man das Führen und Erweitern eines Unternehmens auf die harte Tour lernt.

Die Bedingungen für Kleinunternehmen haben sich in den letzten Jahren radikal verändert. *Business für Punks* ist ein Manifest für Unternehmen des 21. Jahrhunderts. Zerreißt die dicken alten Lehrbücher, wehrt euch gegen den Status quo, bringt das Establishment zu Fall und begrüßt das Hereinbrechen einer neuen Ära!

Rockt die freie Welt!
James, Aberdeen, 2015

A

Unternehmensgründung für heimatlose Selbstschutzmilizen

TEIL A:
UNTERNEHMENS-GRÜNDUNG FÜR HEIMATLOSE SELBST-SCHUTZMILIZEN

Mit allergrößter Wahrscheinlichkeit wird dein Unternehmen scheitern. Die Sterne stehen schlecht für dich. 80 Prozent aller Unternehmensgründungen scheitern innerhalb der ersten 18 Monate. Das sind 800 von 1000, acht von zehn, vier von fünf Start-ups, die nach der Gründung floppen und zugrunde gehen. Das ist einfach Fakt. Egal, wie man das schreibt, es liest sich nicht schön. Diese niederschmetternde Sterblichkeitsstatistik ist eine schonungslose Erinnerung an das brutale wirtschaftliche Umfeld von heute. Wenn du also darüber nachdenkst, ein Unternehmen zu gründen, wird es aller Wahrscheinlichkeit nach scheitern. Und es ist nicht nur dein Geschäft, das dabei eins auf die Mütze kriegt – auch deine Zukunft, dein Selbstvertrauen, deine Träume und natürlich dein Bankkonto gehen den Bach runter.

Nehmen wir mal an, du gehörst zu den Zähen und überstehst die ersten 18 Monate. Die Wahrscheinlichkeit, ein nachhaltiges, langfristiges Unternehmen zu werden, liegt immer noch bei weniger als eins zu 20. Ein weiterer deutlich vernehmbarer Weckruf. Bei einer nur fünfprozentigen Überlebenschance solltest du dafür sorgen, dass du vom ersten Tag an fokussiert, skrupellos, ehrgeizig und motiviert bist. Dann kannst du es vielleicht schaffen. Aber nur vielleicht ...

Die Entscheidungen, die du während der prägenden Monate deines Unternehmens triffst, bestimmen deinen Platz in der Welt. Es sind die monumentalsten Entscheidungen, die du jemals fällen wirst, und sie formen dein frischgebackenes Unternehmen auf eine Art und Weise, die du dir zu dem Zeitpunkt noch gar nicht vorstellen kannst. Also schnall dich an, halt dich gut fest und biete der Herausforderung die Stirn. Du musst dafür sorgen, dass deine Ideen und deren Umsetzung nichts Geringeres sind als umwerfend. Es ist ein gruseliges Paradox, dass du mit den Entscheidungen, die du triffst, wenn alles am schwierigsten ist und du am unerfahrensten bist, viele Jahre lang wirst leben müssen.

Du musst dir das Recht auf Existenz verdienen und einen Grund finden, warum du auch nur annähernd relevant bist. Wappne dich also für die düstersten, härtesten und intensivsten Jahre deines Lebens. Du musst vielseitig sein, alles lernen und alles machen. Und du musst lernen, mit ständiger Zurückweisung umzugehen, du musst es lieben, gnadenlos aufs Maul zu kriegen, und du musst selbst in den ausweglosesten Sackgassen noch Chancen entdecken können.

Der Start deines Unternehmens wird unvorstellbar brutal sein und trotzdem irgendwie großartig und erfüllend. In diesem Teil geht es um das Schaffen der Grundlagen, um das Zimmern des Gerüsts und darum, dass die Entscheidungen, die du in diesen ersten Jahren triffst, dir gute Dienste leisten und dafür sorgen, dass dein Start-up nur im positiven Sinne explodiert. Das restliche Buch baut auf den Grundlagen auf, die in diesem Teil dargestellt werden.

Tritt an und zeig, was in dir steckt!

WENN DU

DARÜBER NACHDENKST,

EIN EIGENES

UNTERNEHMEN ZU

GRÜNDEN, WIRD ES

MIT ALLERGRÖSSTER

WAHRSCHEINLICHKEIT

SCHEITERN!

GRÜNDE KEIN GESCHÄFT, FÜHR EINEN FELDZUG

Unternehmen scheitern. Unternehmen sterben. Unternehmen geraten in Vergessenheit.

Revolutionen sterben nie. Also ruf eine Revolution ins Leben, kein Unternehmen.

Es reicht nicht mehr aus, einfach nur ein Geschäft zu gründen. Du brauchst ein klares Ziel, eine Mission und eine Existenzbegründung. Martin und ich haben nicht einfach eine Brauerei aufgemacht – wir hatten die Mission, anderen Menschen dieselbe Leidenschaft für großartiges Bier zu vermitteln, wie wir sie empfinden. Dieses Versprechen und diese Voraussetzung liegen jeder unserer Handlungen zugrunde und dienen als eindeutiger Bezugspunkt für jede unserer Entscheidungen.

Egal welche Art von Unternehmen du gründest, du allein bist dafür verantwortlich, dass es durch eine starke, bedeutsame, leicht verständliche und vollständig in sich geschlossene Mission verankert ist. Zum Beispiel:

- **Zappos hat kein Schuhgeschäft gegründet,** sondern eine Kampagne gestartet, um den Kundendienst zu verbessern, indem es seine Mitarbeiter außerordentlich anständig behandelte.

- **Noma hat kein Restaurant eröffnet,** sondern sich der Mission verschrieben, die nordische Küche neu erstarken zu lassen, und sogar ein eigenes Manifest der nordischen Küche geschrieben.

- **Apple hat keinen Computerladen aufgemacht,** sondern folgt der Mission, die Welt durch Technologie zu verändern.

Wenn du eine Mission hast, kannst du alles, was du tust, in den Kontext eines höheren Zwecks stellen und schwörst jeden innerhalb deines Unternehmens auf ein gemeinsames Ziel ein.

Deine Mission muss einzigartig und überzeugend sein. Dein Team und deine potenziellen Kunden müssen sich darauf einlassen können. Es ist deine Mission, die dich von anderen unterscheidet. Deine größte Herausforderung vom ersten Tag an ist es, den Leuten einen Grund für ihr Interesse zu geben – und dieser Grund muss deine Mission sein. In unserer gesättigten Realität gibt es praktisch keinen Markt für noch eine Marke, noch ein Unternehmen, noch ein Produkt oder noch eine Dienstleistung. Doch der Markt für etwas, woran man glauben kann, ist unbegrenzt. Gib den Leuten etwas, woran sie glauben können!

Sorg dafür, dass du aus den richtigen Gründen ein Unternehmen gründest. Wenn du bloß Kohle machen und ein großer Player sein willst, geh lieber in eine verzweifelte Firma. Verkauf dem Teufel deine Seele und werde einer von diesen Tretmühlenkandidaten im teuren Anzug. Start-ups sind ein unglaublich hartes Umfeld und du wirst etwas brauchen, an dem du dich festhalten kannst. Und das, woran ihr – du und dein Team – festhalten könnt, ist deine Mission. Wenn Geld deine Motivation ist, musst du der gierigste, mieseste Dreckskerl der Welt sein, um ein Geschäft zum Laufen zu bringen. Ausschließlich aufs Geld fokussierte Unternehmen existieren durchaus, aber mit ihnen oder ihren Mitarbeitern möchte ich ungern was zu tun haben. Mit wachsendem Durchblick der Kunden werden ausschließlich finanziell orientierte Unternehmen das gleiche Schicksal erleiden wie die Dinosaurier. Auf Nimmerwiedersehen! Wenn dein Hauptgrund für die Unternehmensgründung ein finanzieller ist, hör bitte jetzt auf, dieses Buch zu lesen.

Mach etwas, was du liebst, und zwar mit einer klaren Mission. Je enger sich alles um deine Daseinsberechtigung dreht, desto besser kommt dein Angebot bei den Kunden an und desto leichter wird es sein, Kunden zu Fans zu machen.

Geh davon aus, dass es keinen interessiert. Geh davon aus, dass es allen scheißegal ist und dass keiner zuhört. Jetzt überleg dir, wie du die Leute dazu bringst, sich für das zu interessieren, was du machst. Wenn du das nicht kannst, ist dein Unternehmen zum Scheitern verurteilt.

- **Mach nicht einfach eine Bäckerei in Idaho auf,** sondern führ einen Kreuzzug zur Aufklärung der Menschen über die gesundheitlichen und geschmacklichen Vorzüge von frischem Sauerteigbrot.

- **Eröffne nicht einfach einen Friseursalon in Berlin,** sondern finde heraus, wie viel Spaß ein Kunde haben kann, während er sich die Haare schneiden lässt.

- **Gründe nicht einfach eine Autowerkstatt in Manchester,** sondern mach es zu deiner Mission, die Erwartungen der Menschen an den Kfz-Kundendienst neu zu definieren.

Du musst für etwas einstehen, das über deine Kernkompetenzen hinausreicht, um irgendeine Chance zu haben, dich von der Masse abzuheben.

Die Leute wollen nicht mehr einfach ein Produkt oder eine Dienstleistung kaufen. Konsumenten des 21. Jahrhunderts wollen sich zunehmend mit Firmen und Organisationen identifizieren können, deren Missionen und Überzeugungen mit ihren eigenen Glaubenssystemen kompatibel sind, und diese erweitern. Deine Kunden müssen sich aktiv daran beteiligen, dir zum Erfolg zu verhelfen, und du musst ihnen dafür einen überzeugenden Grund bieten. Durch eine starke Mission kannst du das Interesse der Menschen wecken und sie zu deinen Botschaftern machen.

Eine packende Kampagne im Herzen deines Business ist der erste Schritt, dafür zu sorgen, dass dein Unternehmen lange genug durchhält, um Wirkung zu zeigen.

SEI EIN SELBSTSÜCHTIGER MISTKERL UND IGNORIERE RATSCHLÄGE

Ich liebe es ebenso sehr, Ratschläge zu ignorieren, wie all diese Vollpfosten es lieben, mir welche zu erteilen. Mein Rat an alle Ratsuchenden lautet: Spart euch das! Ratschläge sind was für Freaks und Clowns. Wer wirklich engagiert ist, findet seinen eigenen Weg.

Wenn du ein Unternehmen gründest, ist unweigerlich jeder, den du kennst, und jeder, den du nicht kennst, auf einmal ein absoluter Experte. Ignorier sie alle. Halt an deiner Vision fest, stell deine eigenen Regeln auf und mach den anderen die Hölle heiß. Du weißt, was du willst, und wie du da hingelangst, ist deine Angelegenheit. Vergiss diese ganzen spießigen Besserwisser – die haben doch keinen blassen Schimmer. Andere verstehen es nicht, und es ist ihnen auch ganz bestimmt nicht so wichtig wie dir.

Ob dein Unternehmen steht oder fällt, sollte auf deinen Entscheidungen beruhen und nicht auf denen von irgendwelchen amateurhaften Teilzeit-Business-Gurus. Diese selbst ernannten Fachleute werden dir den Rat geben, »aus deinen Fehlern zu lernen«. Aus Fehlern zu lernen ist was für Loser! Trost in der Tatsache zu finden, dass Fehler dich manchmal etwas lehren, ist jene dämliche Logik, die von geringeren Sterblichen verwendet wird, um damit ihre eigenen Unzulänglichkeiten zu rechtfertigen. Das Einzige, was du aus deinen Fehlern lernst, ist, dass du nicht gut genug bist und besser werden musst. Eins musst du dir klarmachen: Woraus du wirklich etwas lernst, das sind deine Erfolge.

Wenn Fehler gemacht werden, liegt das Geheimnis darin, keine Zeit zu verschwenden, indem du auf Teufel komm raus irgendwas daraus lernen willst, sondern klug und agil genug zu sein, sie schnellstmöglich zu korrigieren. Du musst so auf dein Unternehmen eingestimmt sein, dass du potenzielle Probleme bereits in ihrer Entstehung erkennst und sie zurückschneidest, bevor sie Äste und Blüten entwickeln. Und mit Ästen meine ich eine durchgeladene AK-47, die auf deinen Hals gerichtet ist.

Es ist ganz sicher alles andere als leicht, alles auf deine eigene Art zu machen, aber im Endeffekt zahlt es sich aus und du kannst dich daran erfreuen, dass du es mit deinem Erfolg all diesen Weicheiern ordentlich gezeigt hast.

Sei überzeugt. Je fester du von deiner Idee überzeugt bist, umso weniger Notwendigkeit besteht für andere, dir Ratschläge zu erteilen. Je besser deine Idee ist, umso weniger glaubwürdig sind die Ratschläge anderer. Du kennst dich aus, du hast lange über diese Idee nachgedacht und sie mit dir herumgetragen, und jetzt wirst du – und zwar du alleine! – sie in die Tat umsetzen. Ein Flickenteppich aus den unausgegorenen Ideen und Tipps anderer Leute ist ein Rezept für eine Katastrophe, sonst nichts. Folge nicht, wenn du auch führen kannst.

Sei ein selbstsüchtiger Mistkerl. Ernsthaft, das musst du. Wenn du nicht 110 Prozent dahinterstehst, wird es keinen kümmern. Also tanz nach deiner eigenen Melodie und mach die Dinge so, wie du es für richtig hältst. Stell handwerkliche Produkte her, die dir gefallen, schaff ein Umfeld, in dem du dich wohlfühlst, und erbring die Art von Dienstleistung, die du selbst gern in Anspruch nehmen würdest.

Vielleicht macht es dich nicht gerade zum Pin-up des Monats, dich wie besessen mit Tunnelblick auf etwas zu fokussieren. Aber das ist der Unterschied zwischen Erfolg und Scheitern. Dein größtes Kapital bist du selbst und dein unumstößlicher Glaube an und Engagement für dein Unternehmen.

So, wie du Ratschläge ignorieren solltest, musst du auch völlig blind für die wirkliche Welt sein. Die wirkliche Welt ist kein Ort, sondern bloß eine Ausrede. Eine Rechtfertigung der Mittelmäßigkeit. Ein Vorwand, um es nicht einmal zu versuchen. Sie fördert den Durchschnitt und legt die Messlatte für alle gleich hoch. Ignorier sie. Erklär ihr den Krieg. Für dich ist sie gestorben. Todesursache: *ihre Untauglichkeit.*

MEIN RAT AN ALLE
RATSUCHENDEN LAUTET:
SPART EUCH DAS!
RATSCHLÄGE SIND WAS
FÜR FREAKS UND CLOWNS.
www.brewdog.com
BREW DOG

SEI TEIL EINES RUDELS

Im Business herrscht die Rudelmentalität. Zu einem Eliterudel zu gehören heißt, dass du schneller ankommen und unterwegs den Schmerz mit anderen teilen kannst. Teil eines tollen Teams zu sein schärft deinen Fokus, hilft dir bei der Durchsetzung und macht die ganze Sache angenehmer. Das ist ein Haifischbecken da draußen, also sorg dafür, dass du mit dem richtigen Schwarm unterwegs bist, um voranzukommen.

Ein Mitgründer macht dich schneller, besser und cleverer. Für jemand anderen als sich selbst verantwortlich zu sein ist entscheidend für nachhaltige Großartigkeit. Im Alleinflug nimmst du außerdem den ganzen Spaß einer langen gemeinsamen Reise aus der Gleichung heraus.

Die Businesswelt ist gnadenlos, und als Einzelkind hast du einen direkten Nachteil. Finde einen Partner oder zwei, um die Last mit ihnen zu teilen und deinem Unternehmen eine größere Bandbreite an Grundkenntnissen zu verschaffen. Bau Positionen und Strukturen auf, und dein Geschäft wird wesentlich schneller wachsen. Wichtig ist nur: Wen immer du mit ins Boot holst, er muss deine Mission und deine Leidenschaft für harte Arbeit teilen. Wenn du später herausfindest, dass er ein fauler Sack ist, ist es zu spät. Und dann kommt es zum Super-GAU. Wähle Geschäftspartner ebenso weise aus, wie du einen Ehepartner auswählen würdest.

Adobe, Apple, Cisco, Garmin, Intel, Microsoft und Canon sind allesamt extrem erfolgreiche internationale Ikonen, und jede davon wurde von mindestens zwei Unternehmern gegründet. Die Wahrscheinlichkeit, dass ein Start-up Erfolg hat, ist gering; wenn das Start-up nur einen einzigen Gründer hat, wird sie noch deutlich geringer.

Wäre BrewDog das Unternehmen eines einzelnen Gründers gewesen, dann wäre es sicher nicht da, wo es heute ist. BrewDog konnte nur mit dieser Geschwindigkeit wachsen, weil Martin und ich in der Lage waren, zu teilen und zu herrschen, während wir die Pläne für unser Turbowachstum umsetzten.

BREWDOG KONNTE NUR MIT DIESER GESCHWINDIGKEIT WACHSEN, WEIL MARTIN UND ICH IN DER LAGE WAREN, ZU TEILEN UND ZU HERRSCHEN, WÄHREND WIR DIE PLÄNE FÜR UNSER TURBOWACHSTUM UMSETZTEN.

Wir konnten die Arbeitsbelastung aufteilen und den Weg gemeinsam gehen. Unser Verhältnis und die Tiefe unseres gegenseitigen Vertrauens ermöglichten, dass wir uns auf unsere jeweiligen Unternehmensbereiche konzentrieren konnten – in der Gewissheit, dass jemand mit derselben Leidenschaft, Verbissenheit, Hingabe und Entschlossenheit an den übrigen Bereichen arbeitete.

Jage im Rudel. Einsame Wölfe fangen nicht viele Hasen. Schaffe ein eng verbundenes und fest zusammenhaltendes Gründungsteam, und dann könnt ihr gemeinsam echt was reißen.

BACK DEINEN EIGENEN VERDAMMTEN KUCHEN

Falls irgendjemand dir mal sagt, du solltest nach einer Marktlücke Ausschau halten, dann jag ihn zum Teufel. Ich habe keinen blassen Schimmer, warum jemand etwas so Dämliches tun sollte. Diese eingebildete Lücke, in die wir anscheinend alle vorstoßen sollen, ist der schnellste Weg ins Aus. Dieser gesamte Marktlückenansatz ist ein veralteter Trugschluss, der zu Asche verbrannt und aus der Geschichte gestrichen werden sollte. Wahrscheinlich hat ihn sich irgendein »Business«-Akademiker ausgedacht, der noch nie auch nur einen Briefmarkensammlerklub gegründet hat, geschweige denn ein Unternehmen.

Such nicht nach Marktlücken. Sei kein jämmerlicher Kriecher, der auf dem Boden nach Krümeln sucht, die vom zweitklassigen Kuchen eines anderen heruntergefallen sind. Back deinen eigenen verdammten Kuchen! Versuch, eine völlig neue Marktkategorie zu schaffen. Gründe eine Branche, kein Geschäft. Sei ein Fisch in einem winzigen selbst gebauten Teich und erweitere dann diesen Teich. Wenn du im Teich anderer schwimmst, wirst du bloß gefressen.

Du musst deinen Fokus so stark verengen, dass es keinen bestehenden Markt für das gibt, was du tun willst. Das gibt dir die großartige Chance, eine ganz neue Marktkategorie zu erschaffen. Dann kannst du dich darauf konzentrieren, die Branche zu vergrößern, statt deine Marke lediglich von anderen abzuheben. Um glaubwürdig zu sein, muss deine Existenzbegründung über deine eigene Marke hinausgehen, und der Fokus auf das Erweitern einer brandneuen, sich herausbildenden Branche, die dich mit Leidenschaft erfüllt, verleiht dir augenblicklich mehr Glaubwürdigkeit und Relevanz. Uns geht es nicht darum, BrewDog zu vergrößern, sondern darum, dass mehr Menschen hervorragendes Bier trinken. Punkt.

GoPro hat nicht einfach eine Videokamera hergestellt. Man hat dort nicht nach einer Lücke im bestehenden Kameramarkt gesucht. Den vorhandenen Kamerakunden sollte nicht etwas minimal Besseres geboten werden, als sie bereits hatten. Das Ziel war, eine neue Art von Kameras an eine völlig neue Zielgruppe zu verkaufen. So wurde eine ganz neue Marktkategorie erschaffen und im Rahmen dieses Prozesses wurde GoPro zum Pionier für winzige HD-Kameras für Extremsportler und baute ein großartiges Unternehmen auf.

Die Macht jeder Marke verhält sich umgekehrt proportional zu ihrer Bandbreite; also sollte dein Fokus laserartig gebündelt und dein Produkt maximal verfeinert sein. Dann hast du die verlockende Aufgabe, eine Marke zu schaffen und deinen eigenen Markt zu definieren. Kriech nicht auf der Suche nach den Resten der anderen herum: Mach deine eigenen Regeln, und du existierst in deinem eigenen Universum.

DIESER GANZE MARKTLÜCKENANSATZ IST EIN VERALTETER IRRGLAUBE, DER ZU ASCHE VERBRANNT UND AUS DER GESCHICHTE GESTRICHEN WERDEN SOLLTE.

Mit einem engen Fokus kannst du eine ganz neue Marktkategorie schaffen, die zu einem spektakulären langfristigen Wachstum und Gewinnpotenzial führen kann. Und letztlich zu der Chance, Marktführer zu werden.

»BrewDog hat den Grundstein gelegt für die Entwicklung der Craft-Beer-Szene in Großbritannien. Man kann ohne Übertreibung sagen, dass BrewDog das britische Bier verändert hat.«

Pete Brown (Bierliteratur-Punk)

Noch im Jahr 2007 gab es im Vereinigten Königreich kein Craft Beer, und bei Bier hattest du die Auswahl zwischen massenproduziertem Lager oder spießigem, langweiligem Ale vom Fass. Wir wollten das ändern und in Großbritannien einen Craft-Beer-Markt schaffen und aufbauen. Und das haben wir getan.

Bei der Gründung von BrewDog erkannten wir, dass wir nichts erreichen konnten, wenn wir versuchten, einen Anteil des existierenden britischen Biermarkts zu erobern. Geringe Margen und die Dominanz globaler Marken bedeutete, dass es in diesem Teich keinen Platz für kleine Fische gab, egal wie talentiert sie waren.

Wir wollten uns einen eigenen Raum schaffen und das Spiel nach unseren eigenen Regeln spielen, nicht nach denen der anderen. Wir schufen unsere eigenen Gesetze und machten uns daran, in Großbritannien einen Craft-Beer-Markt zu errichten und zu etablieren. Dadurch bestimmten wir unseren Preispunkt, sprachen eine neue Art und Generation von Kunden an, schufen von Grund auf eine begeisterte Zielgruppe und begründeten einen völlig neuen Marktsektor.

OPTION A GEFIEL UNS NICHT, ALSO LAUTETE DIE LÖSUNG, OPTION B ZU SCHAFFEN.

A

BRITISCHER BIERMARKT

- Geringe Margen
- Hohe Markteintrittskosten
- Preisfokussiert
- Gewinnorientiert
- Alljährlich schrumpfend

B

BRITISCHER CRAFT-BEER-MARKT

- Nachhaltige Margen
- Geringe Markteintrittskosten
- Qualitätsfokussiert
- Leidenschaftsorientiert
- Alljährlich um 30 Prozent wachsend

Seit 2007 widmen wir uns dem Wachstum dieser neuen und sich rasch entwickelnden Marktkategorie, die wir in Großbritannien geschaffen haben, und automatisch vergrößerte diese Strategie unser Unternehmen und sorgte dafür, dass wir zu einem Synonym für Craft Beer und unsere Begeisterung dafür wurden. Die Nische ist der neue Mainstream. Um irgendeine Aussicht auf Erfolg zu haben, musst du außerhalb des Radars anfangen, ganz am Rand, und ins kalte Wasser springen. Was vor zehn Jahren noch undenkbar war, ist jetzt ein Paradies der Möglichkeiten, während Einschränkungen, Grenzen und Entfernungen sich in die Bedeutungslosigkeit aufgelöst haben. Du musst etwas absolut Spezielles erschaffen, für das sich zu Beginn nur eine kleine Gruppe von Menschen sehr begeistern kann. Informationen können sich heutzutage rund um die Welt frei und schnell verbreiten, womit du unmittelbaren Zugang zu deinem ganz eigenen engagierten Clan bekommst. Falls – und das ist entscheidend – das, was du anbietest, werthaltig genug ist.

Indem du deinen eigenen Kuchen backst, wirst du zum Champion einer Marktkategorie, ihr Anführer und Oberhaupt. Erfolgreiche Unternehmen fördern ihre Marktkategorie. Loser fördern sich selbst.

DIE NISCHE IST DER
NEUE MAINSTREAM.

VERGEUDE DEINE ZEIT NICHT MIT BULLSHIT-BUSINESSPLÄNEN

Planung ist lediglich glorifiziertes Raten. Langfristige Planung ist eine vergebliche, hemmungslose Fantasie. Verschwende nicht deine Zeit.

Im Jahr 2006 begann ein Freund von mir, an seinem Businessplan zu arbeiten. Vor ein paar Monaten haben wir uns mal wieder gesprochen. Stell dir nur mal vor: Dieser zahlenfressende Clown arbeitet immer noch an seinem Plan! In dieser Zeit haben wir unser Unternehmen weltweit ausgebaut und beschäftigen jetzt über 500 Menschen – und das ganz ohne die Tragödie eines formalen Businessplans.

Du brauchst für dein Unternehmen eine starke Mission, ein tief gehendes Finanzverständnis und die Fähigkeit, in Lichtgeschwindigkeit zu reagieren. Einen Businessplan brauchst du nicht. In Zukunft wird es zwei Arten von Unternehmen geben: die schnellen und die toten. Es ist an der Zeit, schnell zu werden, oder sich zu verkrümeln. Wenn du dich nicht in Warp-Geschwindigkeit bewegen kannst, nimm das nächste Raumschiff heim zu Mutti.

Unsere Zeit ist schnell, unser Leben wird im Sekundentakt gelebt. Langfristige Planung kann für kleine Unternehmen und Start-ups nicht funktionieren und tut es auch nicht. Es ist unmöglich, mit der schieren Menge von Variablen mitzuhalten, die ins Spiel kommen können – es geht mehr um rasches, spontanes Denken als um das Festhalten an einem längst überholten Plan. Also plane nicht für morgen, sondern leg heute noch los. Erst schießen, dann fragen. Und das alles in der glühenden Gewissheit, dass dein Plan, hättest du alles bis ins kleinste Detail festgelegt, durch die Schnelligkeit der zusammenwirkenden Kräfte in der heutigen Welt ohnehin längst jämmerlich veraltet wäre, noch ehe du die Zeit gehabt hättest, ihn auch nur ansatzweise umzusetzen.

Also, werde zum Geschwindigkeitsjunkie und hau rein. Heiße den Wandel willkommen und lass dich von ihm mittragen. Sei schnell, furchtlos und direkt. Handle, statt zu planen. Wenn du herumtrödelst, verzögerst du nur das immens wertvolle Feedback der Realität, das du nutzen kannst, um zukünftige Entscheidungen und Strategien darauf aufzubauen. Agiere mutig, unternehmerisch und kompromisslos und lass den Markt und die Kunden deine zukünftigen Schritte würdigen und belohnen. Erkenntnisse aus der Realität sind unschätzbar. Lerne daraus und präge deine Strategie durch die Entscheidungen, die du fällst.

ALSO PLANE NICHT FÜR MORGEN, SONDERN ZEIG'S ALLEN SCHON HEUTE.

Lass deine Entscheidungen von einer mitreißenden, umfassenden Mission leiten. Nicht von einem albernen Plan, den du in der Vergangenheit geschrieben hast. Handle erst und bewerte später. Manchmal ist Unwissenheit ein Segen. Je mehr du weißt, desto eher tappst du in dieselben Fallen wie alle anderen. Als wir BrewDog ins Leben riefen, wussten wir nicht, wie so was gemacht wird, also machten wir einfach unser Ding und fanden einen noch nicht ausgetretenen Pfad, der viel effektiver für uns war. Wären wir erfahrener gewesen, hätten wir wohl denselben Mist gemacht wie alle anderen. Unsere Naivität und Begeisterung gaben uns den Schwung voranzukommen. Und die Lernkurve lag wirklich jenseits der Richterskala.

Flexible Abläufe erlauben es dir, deine Ziele zu erreichen. Behalt einfach die Zahlen gut im Blick und vertrau auf deine Mission. Deine Mission ist dein Kompass, sie hilft dir, auch in stürmischen Gewässern auf Kurs zu bleiben.

Halt daran fest und vertraue.

BETTELN, BORGEN, TAUSCHEN, SCHMUGGELN

Es gibt einen ganz einfachen Grund, warum so viele Start-ups scheitern – sie geben zu viel ihres hart verdienten Geldes für alle möglichen Sachen aus, die sie eigentlich nicht brauchen. Ein Start-up ins Leben zu rufen heißt, dass du all deine Mittel ausschöpfen und dein Geld zehnmal härter arbeiten lassen musst als jedes etabliertere Unternehmen. Die maximale Ausbeute aus deiner Kohle zu ziehen und die Raubkopierer-DIY-Mentalität des Punk geben dir die Chance, lange genug zu überleben, um etwas zu bewirken. Werde zum Geizhals, zum Raffzahn und zum Pfennigfuchser (nicht notwendigerweise in dieser Reihenfolge). Tu, was immer erforderlich ist, um dein lebensnotwendiges Bargeld zu sparen und zu erhalten.

Cash is king, also versprich ihm deine uneingeschränkte Loyalität. Bei jedem Start-up ist die begrenzte Kapitaldecke unantastbar. Sie ist der Lebenssaft und der Sauerstoff deines Unternehmens – im wahrsten Sinne des Wortes. Ohne Geld ist dein Geschäft mausetot. Du musst jeden Cent schützen, als ob dein Leben davon abhinge. Weil es das nämlich tatsächlich tut.

Während der Gründungsphase wird es dir gute Dienste leisten, jede einzelne Ausgabe zu hinterfragen wie der zynischste und narzisstischste Drecksack der Welt. Tatsächlich ist es häufig ein Pluspunkt, wenig zu besitzen. Einschränkungen sind lediglich getarnte Vorteile und bieten die Chance, innovativ und fantasievoll zu sein. Halte Einschränkungen in Ehren. Begrüße sie. Sie geben dir Schärfe, machen dich wendig und verdeutlichen auf brutale Weise den Wert jedes einzelnen Cents.

Fang nicht an, Aufträge außer Haus zu vergeben wie ein Idiot, und bezahle Mitarbeiter nicht mit Geld, das du nicht hast. Nicht genug zu haben, um andere Leute zu bezahlen, ist ein unerkannter Glücksfall. Externe Mitarbeiter sind nicht so sehr an deinem Geschäft interessiert wie du und ganz sicher verstehen sie es nicht so gut wie du. Also kümmer dich selbst um deine Angelegenheiten. Berater, Marketingagenturen und Personalvermittler sind bloß nutzloser Blödsinn, der den Geist und die Finanzen eines jeden Start-ups versaut.

Während der Gründungsjahre ist Delegieren nur was für Loser. Selbst wenn du wächst, sei externen Agenturen und Partnern gegenüber sehr misstrauisch. Die hören sich alle super an und versprechen dir das Blaue vom Himmel, aber im Endeffekt haben sie keinen Grund, sich so tief reinzuknien wie du. In der Anfangszeit eines Unternehmens ist Reinknien ein unschätzbarer Wert, der dein Überleben sichert.

Rückblickend betrachtet haben wir all das getan. In den ersten Jahren von BrewDog wurden Martin und ich zu Experten für die Erzeugung von Barcodes, Markenregistrierung, Etikettendesign, das Bauen von Wänden, Websitegestaltung, Buchhaltung, Rechnungsstellung, das Graben von Ablaufrinnen, Antragsbewilligungen, den Aufbau von Brauereianlagen, Videobearbeitung, die Reparatur von Flaschenmaschinen und vieles mehr. Uns blieb nichts anderes übrig, als alles selbst zu machen.

Heiße die radikale Punk-Ethik des Do it yourself willkommen. Die ursprünglichen Punks waren nicht damit zufrieden, einfach nur Zuschauer oder Konsumenten zu sein, deshalb gründeten sie ihre eigene Subkultur mit ihren eigenen Fähigkeiten, und zwar von Grund auf. Als die Punkmusik in den 1970er-Jahren um sich griff, wurden die Werke der besten Punkbands unabhängig aufgenommen, produziert und vertrieben – außerhalb der etablierten Musikindustrie. Die Punk-Ethik des DIY zu leben bedeutet, sich nicht auf bestehende Systeme, Prozesse oder Ratgeber zu verlassen, denn das würde eine Abhängigkeit vom System schaffen.

Wenn es dein Ziel ist, das System zu zerstören, musst du in der Lage sein, davon unabhängig zu existieren. Indem du dein Unternehmen mit Fähigkeiten aufbaust, die du besitzt oder erlernst, kannst du es von Grund auf verstehen, und was noch wichtiger ist: Du behältst die vollständige Kontrolle, während es wächst. Du musst unabhängig sein, ein Außenseiter, ein Nomade, ein Freigeist. Du musst vollständig autark sein und darfst dich auf nichts und niemanden verlassen. Wenn eine Fähigkeit wichtig ist für dein Unternehmen, dann solltest du sie erlernen – und zwar zackig!

Also schnall dich an, kauf dir ein einfaches Ticket nach Knauserhausen und gewinne an zwei Fronten: Du sparst Geld und lernst jeden Aspekt deines Unternehmens in- und auswendig kennen. Falls nicht, beende deine Reise an der Station Versagerdorf.

WERDE ZUM GEIZHALS, ZUM RAFFZAHN UND ZUM PFENNIGFUCHSER (NICHT NOTWENDIGERWEISE IN DIESER REIHENFOLGE).

VERKAUFEN? VERGISS ES*

Wenn du einen Verkaufsmitarbeiter für dein Start-up einstellst oder zu viel Zeit damit verbringst, dir Gedanken über den Verkauf zu machen, kannst du dich auch genauso gut gleich selbst feuern. Denn du jagst deinem sich gerade entwickelnden Unternehmen damit todsicher eine Kugel in den Kopf. Die Einstellung eines herkömmlichen Verkäufers oder die Konzentration auf konventionelles Verkaufen von Anfang an ist eine der sichersten Methoden, um das Schicksal deiner Firma in der heutigen neuen Businesswelt zu besiegeln.

Hier ein paar einfache Methoden, mit denen du verhindern kannst, dass du dein Start-up durch Overselling kaputt machst:

Zunächst mal musst du dafür sorgen, dass dein Produkt umwerfend ist. In der Anfangsphase deines Unternehmens ist es absolut unerlässlich, dass du und dein Team euch damit befasst, das Produkt- oder Dienstleistungsangebot richtig hinzubekommen, statt euch um die Einstellung eines Verkaufs- oder Marketingmitarbeiters zu kümmern. Das Produkt muss passend gemacht, feingetunt und an den Start gebracht werden. Es muss so fantastisch sein, dass die Leute danach gieren, dass es seine eigene Propaganda erzeugt und infolgedessen die Nachfrage selbst in Gang bringt. Wenn es das nicht bringt und die Leute nicht in einen Kaufrausch versetzt, musst du einfach noch stärker an deinem Kernangebot arbeiten.

In einer schrumpfenden Welt der globalen Vernetzung, des Informationsflusses und der Überfrachtung durch Social Media wärst du überrascht, wie sich dein Produkt beschleunigt, falls – und das ist das Entscheidende – es gut genug ist. Wenn du etwas wirklich Bemerkenswertes machst, werden die genau richtigen Leute das schneller rauskriegen, als du dir das vorstellen kannst. Und sie werden zu dir kommen.

Also, mach dein Produkt umwerfend, und alles andere läuft dann schon. Etwas Phänomenales zu machen ist die Zukunft. Kunden des 21. Jahrhun-

* *Zumindest vorläufig …*

derts sind gut informiert und aufgeklärt über Hard Selling. Wenn du zu früh Verkaufsmitarbeiter ins Spiel bringst, übst du zu viel Druck aus mit einem Produkt, das noch nicht ganz stimmt, und deine Firma ist dazu verdammt, mittelmäßige Waren und Dienstleistungen zu verticken wie alle anderen auch. Du musst Nachfrage erzeugen, um nachhaltig zu sein. Und Nachfrage erzeugst du nicht durchs Verkaufen.

Das frühzeitige Feintuning deines Produkts versetzt dich in eine wunderbare langfristige Situation. Die Begeisterung und der Hype, den du durch die Brillanz deiner Kreation erzeugst, sind die ersten Bausteine für die Zukunft deines Unternehmens. Wenn du nicht etwas schaffen kannst, das brillant genug ist, um sich selbst zu verkaufen, solltest du kein Unternehmen gründen. Ganz einfach.

Zweitens musst du dafür sorgen, dass ihr – also du und deine Mitgründer – nah am Geschehen seid. Vergiss Umfragen, vergiss Meinungsforschung, vergiss Fokusgruppen und Feedback, das durch andere gefiltert wird. Krieg den Hintern hoch und stürz dich selbst ins Getümmel! Geh nah an deine potenziellen Kunden ran und zieh deine eigenen Erkenntnisse daraus. Teste dein Produkt unter realen Bedingungen, lerne daraus und nimm Anpassungen vor. Motz dein Zeug auf und sieh dir selbst an, was passiert. Die Leute finden es toll, mit demjenigen zu reden, der die Vision hat, und deine Leidenschaft wird spürbar sein. Ein willkommener Gegenpol zu dem verwässerten, schwurbeligen Gequatsche von Marketingspezialisten.

Als Kapitän, als Gründer, als Anführer musst du zwingend dort sein, wo die Action ist.

Drittens musst du begreifen, dass Verkaufen als Konzept sich grundlegend verändert hat. Die konventionellen Verkaufsmodelle sollten eigentlich einem Marketingmuseum gestiftet werden, das nach sechs Monaten schließen würde, denn die zahlende Bevölkerung hat mit ihrem hart verdienten Geld etwas Besseres zu tun. Die Art und Weise, wie du als Unternehmer handelst, agierst und kommunizierst, hat unmittelbare Auswirkungen darauf, wie du wahrgenommen wirst, und infolgedessen auch auf deine Verkäufe. Alles, was du tust, ist Verkauf, und alle deine Mitarbeiter verkaufen permanent. Verhalte dich also entsprechend.

BrewDog war schon fast drei Jahre alt, als wir erstmals jemanden einstellten, der sich für uns um unsere Kunden kümmern sollte. Heute haben wir ein kleines (und hervorragendes!) Verkaufsteam, das sich hauptsächlich auf die Pflege unserer Bestandskundenbasis konzentriert und dafür sorgt, dass wir im Interesse größtmöglichen gegenseitigen Gewinns eng mit unseren Schlüsselpartnern zusammenarbeiten.

Du musst dich darauf konzentrieren, etwas wirklich Beachtliches zu machen, etwas Tolles, etwas, das die Leute verzweifelt haben wollen. Statt den Umsatz anzukurbeln, legten wir in unseren ersten Jahren Wert darauf, Weltklasse-Biere zu brauen, die Menschen auf aller Welt den Mund wässrig machten, und eine starke Unternehmenskultur aufzubauen, die zur Grundlage unseres zukünftigen Wachstums werden sollte.

Zerreiß das Verkaufshandbuch. Die herkömmlichen Verkaufsmethoden sterben einen langsamen und qualvollen Tod. Leidenschaft, Integrität und Qualität dagegen nicht.

STATT DEN UMSATZ ANZUKURBELN, LEGTEN WIR IN UNSEREN ERSTEN JAHREN WERT DARAUF, WELTKLASSE-BIERE ZU BRAUEN.

SORG DAFÜR, DASS MAN DICH HASST

»Feinde zu haben kann eine gute Sache sein. Es beweist, dass Sie in Ihrem Leben für etwas eingestanden sind.«

Winston Churchill (Weltrettungs-Punk)

Du musst dafür sorgen, dass marktbeherrschende Firmen, Wettbewerber, beliebige Leute und, in unserem Fall, Regulierungsbehörden dich abgrundtief hassen. Wenn dir das nicht leichtfällt, kannst du keinen Erfolg haben.

Versuche niemals, jeden glücklich zu machen. Mach dir einen Spaß daraus zu polarisieren; das tun alle Bilderstürmer. Die Sex Pistols haben nie den Versuch unternommen, jeden glücklich zu machen, und du solltest das genauso wenig. Punk war nie für jedermann gedacht. Akzeptier es, dass du dir Feinde machst, so wie du Fans hinzugewinnst, und dass dies weitaus besser ist, als so angenehm zu sein, dass du ständig im Verborgenen existierst. Hardcore-Fans sind besser als Durchschnittskunden. Solange du etwas mit absoluter Begeisterung tust und solange das von verzehrender und fanatischer Leidenschaft geprägt ist, solltest du auch in der Lage sein, dich nicht um die Meinung anderer zu scheren. Scheiß auf diese nichtssagenden, indifferenten Spießer.

Nachdem BrewDog ungefähr zwei Jahre im Spiel war, entdeckten uns die Medien und berichteten über unser herausragendes Wachstum und unsere Erfolgszahlen. Wie du dir vorstellen kannst, hat das nicht jedem gefallen. Besonders nicht den etablierteren Brauereien. Mit ihren eigenen veralteten Messwerten und ausgesprochen durchschnittlichen Standards konnten sie unseren kometenhaften Aufstieg nicht begreifen.

Verzweifelte Männer tun Verzweifeltes, dumme Männer tun Dummes. Eine Gruppe von verzweifelt dummen schottischen Brauern verfasste ein Schriftstück, in dem wir als Lügner und Betrüger bezeichnet wurden. Es hieß darin, wir hätten unsere Verkaufs- und Wachstumszahlen einfach erfunden.

Um die Sache noch zu verschärfen, bezog der Geschäftsführer von Innis & Gunn (einem schottischen Brauereiunternehmen) dazu Stellung, und zwar folgendermaßen:

»Es ist eine bekannte Tatsache, dass BrewDog seine Bilanzen fälscht. Es gilt gemeinhin als Lachnummer innerhalb der Brauereibranche. Wie ein Anorak zu kurzen Hosen.«

Ich möchte Herrn Sharp dafür persönlich danken. Dieses Zitat hing zwei Jahre lang in meinem Büro an der Wand. Jeden Morgen schaute ich es mir an und es hat mich motiviert, meine Bemühungen zu verdoppeln.

Damit die Leute dich hassen, musst du eigentlich nicht viel mehr tun, als erfolgreich mit etwas zu sein, das dir Spaß macht. Sobald dein kleines Unternehmen sich anschickt zu florieren, werden ein paar Leute dich lieben und unterstützen, während andere beginnen, dich mit jeder Faser ihres Herzens zu verabscheuen. Dein Erfolg verstärkt nur ihr eigenes Gefühl der Unzulänglichkeit. Sie stecken in irgendeinem Sackgassenjob fest und haben nie den Mut, ein Risiko einzugehen, und so verschafft es ihnen Genugtuung und einen erbärmlichen Trost, all jene zu hassen, die etwas tun, was ihnen Freude macht.

Es gibt viele Versager in diesem Leben, deren einziger Zweck darin besteht, dich zu bekämpfen. Diese DIN-genormten Unternehmensschweine wollen nicht, dass du erfolgreich bist. Alles Neue macht ihnen Angst und bedroht sie. Sie klammern sich verzweifelt an den Status quo, um ihren Mangel an Visionen zu rechtfertigen. Sie sind eine menschliche Schafherde, deren Bestimmung es ist, mit den anderen Schafen herumzulaufen, zu reden und zu schlafen. Dystopische Marionetten mit der Mission, alles auf ihr jämmerlich indifferentes Mittelmaß runterzuziehen.

Aber das ist gut. Es ist ein Zeichen dafür, dass du auf dem richtigen Weg bist. Ablehner spielen eine wichtige Rolle und erfüllen einen höheren Zweck: Sie helfen dabei, deine Mission zu definieren und deine Marke von anderen abzuheben. Wenn deine Fans dich bereitwillig verteidigen, stärkt das ihre Bindung an dein Unternehmen, und das hilft dir beim Aufbau dauerhafter Beziehungen zu denjenigen, auf die es am meisten ankommt. Wenn du es schaffst, den Heiligen Gral zu ergattern, also wenn manche Unternehmen dich kopieren, während andere dich hassen, dann weißt du, dass du einen Volltreffer gelandet hast.

Liebe diejenigen, die dich hassen. Denn ohne diese Ratten hättest du keine Armee der Liebe aufbauen können. Das mag anfangs ein bisschen befremdlich sein, also mach dir bewusst, dass ihre fehlgeleiteten, naiven und bösartigen Absichten sich, wenn du sie nicht tötest, auf jemand anderen richten werden.

Du hast gar keine Ablehner? Dann leg eine Schippe drauf und gib dir ein bisschen mehr Mühe!

DAMIT DIE LEUTE DICH HASSEN, MUSST DU EIGENTLICH NICHT VIEL MEHR TUN, ALS ERFOLGREICH MIT ETWAS ZU SEIN, DAS DIR SPASS MACHT.

SEI DER EWIGE WELPE

Um Amerikas Antwort auf Susan Boyle leicht abzuwandeln und unsterblich zu machen: »Trotz all ihrer Kohle wohnt sie immer noch im Kiez.« Obwohl J-Lo nicht mehr im Kiez, in der Vorstadt, im Getto oder sonstwie in der Nähe eines Dönerladens wohnt, trifft sie unwissentlich eine unternehmerische Kernaussage. Du kannst am Ende Goliath sein, aber du darfst nie aufhören, wie David zu denken. Kannst du mir noch folgen? Wirst du gleich.

Klein sein ist geil, aber die Rechnungen zahlen die Großen. Ein Typ namens Steve Jobs sagte mal: »Bleib hungrig, bleib unklug.« Apple blieb hungrig und unklug, während es sich zum größten Unternehmen der Welt entwickelte. Aber, und das ist der Trick dabei, die Underdog-, Außenseiter-, Querdenkermentalität wurde aufrechterhalten und gepflegt. Und im Laufe der Jahre baute sich eine unglaublich loyale und unerschütterliche Fangemeinde auf, die nicht weiß und gar nicht wissen will, was zur Hölle ein PC ist. Das ist die perfekte Verkörperung eines Think-small-be-big-Unternehmens.

Ich hasse traditionelle große Firmen. Firmen voller dämlicher Richtlinien, in denen Entscheidungen von Abstraktionen getroffen werden, in denen alles von der Finanzabteilung bestimmt wird, in denen die Abläufe im Vordergrund und die Mitarbeiter an letzter Stelle stehen. Firmen, deren Angestellte gezwungen werden, lächerlichen Regeln zu folgen wie hirntote Zombies. Ein Unternehmen muss nicht das verlieren, was es großartig macht, um zu wachsen. Aber leider tun das die meisten.

Sobald du mit dem Aufbau deines Unternehmens anfängst, wirst du von Ignoranten nach deiner Exit-Strategie gefragt. Exit-Strategien sind was für Idioten, die von Anfang an nicht so richtig engagiert dabei waren. Es kotzt mich an, daran zu denken, dass wir etwas Umwerfendes aufbauen, an das wir leidenschaftlich glauben, und es dann für ein bisschen schnelles Geld verscherbeln sollen.

Ich betrachte das, was wir tun, auch nicht primär als Unternehmen, ich betrachte es als Kreuzzug: eine Mission, um so vielen Menschen wie möglich unsere Leidenschaft für tolles Bier nahezubringen. Und ich freue mich, sagen zu können, dass ich mich auf lange Sicht dafür engagiere. Bier ist mein Kind der Liebe und ich würde es niemals zur Adoption freigeben. Warum sollte man auch, wenn man etwas gern tut? Leute, die etwas für den Verkauf aufbauen, tun das nicht für die Dauerhaftigkeit, sie wollen nur das Maximum für sich selbst rausholen und es ist ihnen egal, was mit dem Geschäft passiert. Es ist schwierig, auf diese Weise ein bedeutsames Unternehmen zu gründen, und unmöglich, eins wie unseres aufzubauen. Die Kunden lassen sich nicht mehr abzocken und verarschen; sie sind clever und sie haben Durchblick.

Eine weitere Abmachung, um der ewige Welpe im Geschäftsleben zu sein, ist: Du darfst niemals umkippen. Auch wenn dein Geschäft wächst, lern weiter und geh weiter Risiken ein. Der schnellste Weg zum Scheitern ist es, überhaupt nichts zu riskieren. In der heutigen hyperinformierten, verknüpften Welt auf Nummer sicher gehen zu wollen, ist das größte Risiko, das du eingehen kannst.

Denk bescheiden, sei mutig, sei kühn und bleib im Spiel. Eine gute Portion Risiko gibt der Seele Auftrieb. Bring dein Team mit deinen Ideen und Visionen voran. Mach ihnen Angst mit deinen Gedanken und mach vor allem dir selbst Angst. Risiken schärfen deine Konzentration und machen dein Spiel spannender. Immer wenn du gerade anfängst, dich behaglich zu fühlen, geh das nächste Risiko ein. Sorg dafür, dass es das größte Risiko ist, dem du dich je ausgesetzt hast. Und dann noch mal. Jedes halbe Jahr oder so ängstigen wir uns gerne zu Tode. Letztlich fühlt es sich gut an, für das, woran du glaubst, alles aufs Spiel zu setzen.

Wenn du dich weiterentwickelst, verliere niemals aus den Augen, was dich überhaupt erst hat wachsen lassen. Wenn du dein Team erweiterst, achte darauf, die Unternehmenskultur nicht nur zu bewahren, sondern aktiv zu verbessern. Halt an deiner Vision und deiner Mission fest wie der Hund am Knochen. Und während dein Team und dein Geschäft wachsen, bleib deinen Überzeugungen und deiner Kultur treu. Wenn du dich immer besser auf deine Leute konzentrierst und alle durch das Eingehen immer neuer, verrückter Risiken faszinierst, sorgt das dafür, dass du eindrucksvoll bleibst.

RECHNE MIT SCHMERZHAFTER ABLEHNUNG, STÄNDIGER KRITIK, EXTREMEM FINANZIELLEN DRUCK UND MASSENHAFT HARTER ARBEIT.

KOPF HOCH, PUNK

»Manche Sachen muss man gesehen haben, um sie zu glauben.«

Ralph Hodgson (Lyrik-Punk)

Die Menschen im nordöstlichen Schottland hassten unsere Biere, als wir sie auf den Markt brachten. Sie hassten sie absolut. Sie hassten den Geschmack, die Verpackung, die Markenwerbung, alles. Während unserer ersten sechs Monate verkauften wir so gut wie nichts. Aber das war uns egal. Wir sagten den Leuten einfach, dass wir die Biere zu unserem eigenen Vergnügen brauten, nicht zu ihrem. Wir waren absolut egoistisch und brauten die Biere, die wir selbst trinken wollten.

Wir wussten, wenn wir an unseren Vorstellungen festhielten und das taten, was wir wollten, ohne Kompromisse einzugehen, dann würden wir letztlich unsere Zielgruppe finden, und unsere Zielgruppe würde uns finden. Falls wir scheitern sollten, würden wir zu unseren eigenen Bedingungen scheitern und mit etwas, an das wir zutiefst glaubten. Aber wir wussten, dass wir nicht scheitern würden. Wir waren zuversichtlich. Immer.

Manchen mag es schwergefallen sein, ihren Glauben zu bewahren. Sechs Monate waren vergangen und wir schliefen nachts nur ein paar Stunden, oft auf Malzsäcken auf dem Boden der Brauerei. Martin und ich waren wieder bei unseren Eltern eingezogen, um Geld zu sparen. Wir verkauften im Durchschnitt weniger als zehn Kästen Bier, doch es hätten 70 sein müssen, um die Kosten zu decken. Die Drohungen der Bank wurden täglich ernster, denn wir lagen ständig mit den Zinsrückzahlungen im Verzug. Wir bekamen eine bösartige Flut von Räumungsaufforderungen, weil wir nicht genug Bier verkaufen konnten, um die Miete zu bezahlen. Doch niemals, nicht mal in den düstersten Augenblicken, kam es uns in den Sinn, dass BrewDog irgendetwas anderes werden könnte als ein riesiger Erfolg. Unser Glaube war unerschütterlich. Die schwierigen Zeiten machten uns nur noch hartnäckiger und ließen uns noch verbissener arbeiten. Und das ist der einzige Grund, warum wir dieses grauenhafte erste Jahr überlebten.

Die brutale Wahrheit ist, dass du in der Anfangszeit deines Unternehmens unzählige Rückschläge, Attacken und Debakel hinnehmen musst, und die meisten Sterblichen würden einfach den Rückzug antreten und das Handtuch werfen. Rechne mit schmerzhafter Ablehnung, ständiger Kritik, extremem finanziellen Druck und massenhaft harter Arbeit, bei der du alles aufs Spiel setzt und trotzdem das Gefühl hast, dich langsam rückwärts zu bewegen. Hindernisse, Probleme, Herausforderungen und Bedrohungen prasseln aus jeder nur denkbaren Richtung auf dich ein. Stell dich darauf ein, sei gewarnt und wappne dich.

Der Untergang deines Business-Traums kann verheerend sein. Das ist der Moment, in dem du alles geben und mehr als je zuvor an deine Vision und deine Mission glauben musst. Du musst ein geradezu überirdisches Maß an Vertrauen in dich selbst und dein Team haben, um diesen Punkt zu überwinden. Du musst dich mit jedem Problem auseinandersetzen, ohne jemals die Zuversicht in dein Ziel zu verlieren und in deine Fähigkeit, es zu erreichen. Nimm die Herausforderung an und mach dich für einen harten Kampf bereit. Geh Hindernisse gelassen an und betrachte sie als getarnte Chancen. Such deinen eigenen Weg und lerne aus deinen Erfahrungen. Um die Ecke zu denken führt dich oft zu einer besseren Lösung.

Du musst überzeugt sein und du musst hart arbeiten. Es gibt keine Abkürzung. Du kannst keine 200 Pfund einziehen, während du fröhlich über Los gehst. Es gibt keine Zauberformeln. Keine wahre Story von einem Erfolg über Nacht, der nicht mindestens seit zehn Jahren in der Mache ist. Wenn du wirklich was reißen willst, dann mach dir keine Illusionen: Du wirst verflucht hart dafür arbeiten müssen. Jahrelang geht es um nichts anderes als Überzeugung, Selbstdisziplin und Fokus. Von nichts kommt nichts.

Es muss schwierig sein, das liegt in der Natur der Sache. Wenn es einfach wäre, würde jeder Depp es tun und den Erfolg zu etwas Wertlosem machen. Ja, es ist hart, manchmal sogar brutal hart, aber der Weg selbst macht die Sache lohnend. Es ist ein absoluter Höllenritt, aber einer, der echt rockt.

AUF DER GRUNDLAGE DIESES
KAPITELS WIRD MIR KLAR,
DASS ICH KEINE KARRIERE
ALS »MOTIVATIONSREDNER«
MACHEN WERDE. IST ABER
GAR NICHT SO SCHLIMM. DAS
SIND SOWIESO ALLES
NUTZLOSE, GELDGIERIGE
SCHARLATANE.

WIR SOLLTEN SIE
VERBRENNEN WIE HEXEN.

B

Finanzangelegenheiten
für visionäre Rebellen

TEIL B:
FINANZANGELEGEN-HEITEN FÜR VISIONÄ-RE REBELLEN

Finanzen. Das ist doch was für diese Zahlenjongleure mit niedrigen Moralvorstellungen und hohen Gehältern, oder? Falsch. Wach auf, schau genau hin und setz dich damit auseinander. Werde zum Bilanzenboss! Warren Buffett, ein alter Business-Punk und der erfolgreichste Geschäftsmann aller Zeiten, hat gesagt: »Buchhaltung ist die Sprache des Business.« Und woher willst du wissen, wer gewinnt, wenn du den Spielstand nicht im Auge behalten kannst?

Achtung, jetzt kommt der wichtigste Ratschlag dieses Buchs. Bist du bereit? Atme tief durch, such dir einen angenehmen Ort, versenke dich ganz in deine innere Mitte (nicht buchstäblich). Du musst das Finanzwesen lernen, du musst dich damit richtig gut auskennen. Du musst dich in der Buchhaltung zurechtfinden, mit verbundenen Augen und gefesselten Händen.

Es gibt keine Abkürzungen, keine Schnellverbindungen, keine Umgehungsstraßen. Du musst die Zeit investieren, um zum Experten im Finanzwesen für Kleinunternehmen zu werden. So einfach ist das. Du kannst das System nicht von innen heraus vernichten, du kannst nicht die Schönheit in der Zerstörung finden, du kannst die wilde raue See nicht beherrschen, wenn du dein Schiff nicht auf Kurs halten kannst. Und ob es dir gefällt oder nicht, der Kurs deines Schiffs ist eine rein finanzielle Angelegenheit.

Die Ideologie des Business-Punks hat ganz viel mit Regelverstößen zu tun. Wenn es aber um die Finanzen geht, musst du geradezu ein Jedi-Meister der Befolgung von Regeln sein, ehe du auch nur ansatzweise in Erwägung ziehen kannst, dagegen zu verstoßen. Später, wenn du Erfahrung und ein stabiles Finanzpolster auf den Hüften hast, kannst du den Punk ein bisschen rauslassen.

Du musst mutig sein und einen Seiltanz vollführen. Wenn du nicht benommen von einer potenziellen finanziellen Bewusstlosigkeit zur nächsten stolperst, quetschst du deine begrenzten Ressourcen nicht genügend aus. Und in dieser ultraheftigen Risiko-Orgie kannst du nur überleben, wenn du die absolute Finanzkontrolle hast und die kommerziellen Auswirkungen jeder einzelnen deiner Entscheidungen begreifst.

Cashflow, Gewinn und Verlust sind deine neuen Bettgefährten. Finde dich damit ab und lerne, die Sprache des Geldes zu sprechen.

WENN ES UM DIE FINANZEN GEHT, MUSST DU GERADEZU EIN JEDI-MEISTER DER BEFOLGUNG VON REGELN SEIN, EHE DU AUCH NUR IN ERWÄGUNG ZIEHEN KANNST, DAGEGEN ZU VERSTOSSEN.

FINANZWÖRTERBUCH FÜR BUSINESS-PUNKS

Ein Punk zu sein heißt nicht, keine Ahnung vom Finanzwesen zu haben. Die Punks der alten Schule eigneten sich die notwendigen Fähigkeiten an, um Erfolg zu haben und ihre eigene Kultur zu schaffen. Diesen Do-it-yourself-Ansatz musst du übernehmen und die Kenntnisse erwerben, die du zum Überleben und zum Aufbau deines Geschäfts brauchst.

Die beste Methode, das Establishment zu verschrecken, besteht darin, die Fähigkeiten zu besitzen, um es in seinem eigenen Spiel zu besiegen. Du musst also erst die Regeln beherrschen, bevor du sie in Stücke hauen kannst.

Tut mir leid, wenn einige dieser Erklärungen sich anhören, als wäre ich ein Buchhaltungsazubi. Aber wenn du die Welt verändern willst, musst du dich mit diesen Schlüsselbegriffen anfreunden.

VERMÖGENSWERT

Das ganze Zeug, das deinem Unternehmen gehört. Von der Kasse bis zum Computer, vom Fahrzeug bis zum Grundstück. Das sind die Sachen, die du schneller verlierst als deine Unschuld, wenn du Mist baust.

BILANZ

Ein Schnappschuss deines Unternehmens. Darin sind alle Vermögenswerte und Verbindlichkeiten aufgelistet, damit du dein Nettovermögen errechnen kannst. Je höher dein Nettovermögen, desto stärker das dahinterstehende Geschäft. Je geringer das Nettovermögen, desto schlechter.

KONTOABSTIMMUNG

Genau wie alle Abstimmungen ist auch diese echt nervig. Leider ist sie ein notwendiges Übel, ein superwichtiger Gegencheck, der sicherstellt, dass deine Buchhaltung mit der Realität deines Kontostands übereinstimmt. Wenn du also sagst, du bist 5 Millionen Pfund wert, dann sollte das auch so sein.

BREAK-EVEN-POINT

Der exakte Zeitpunkt, an dem gleich viel reinkommt wie rausgeht. Je früher du diesen Punkt erreichst, umso besser, ansonsten ist dein Arsch zum Abschuss freigegeben. (Hat übrigens nichts zu tun mit *Point Break*, das ist ein Actionfilm.)

BARGELD

Das sind deine liquiden Mittel, all das Geld, über das du verfügen kannst, wenn du es brauchst. Denk immer daran: Cash is king, also behandle es mit Respekt.

KREDITOR

Jeder, dem du Geld schuldest. Lieferanten, Vermieter, Buchmacher, Finanzamt und die ABBA-Revival-Band, die du für die Weihnachtsfeier gebucht hast.

DEBITOR

Personen oder Unternehmen, die dir Geld schulden. Hinter deinen Debitoren musst du her sein wie der Teufel hinter der armen Seele und dafür sorgen, dass sie in Warp-Geschwindigkeit bezahlen. Schleppende Zahlungen können deinen Cashflow und damit auch letztlich dich zum Erliegen bringen.

BRUTTOHANDELSSPANNE

Nein, das hat nichts mit Spannern zu tun. Die Bruttohandelsspanne ist der Nettoumsatz abzüglich der Kosten für die verkaufte Ware. Die Bruttohandelsspanne bezeichnet den Betrag, den dein Unternehmen durch den Verkauf seiner Produkte oder Dienstleistungen verdient, bevor irgendwelche Verkaufs- und Verwaltungskosten davon abgezogen worden sind. *Klar soweit?*

BRUTTOGEWINN

Wenn du beim Punkt Bruttohandelsspanne aufgepasst hast, sollte das hier leicht sein. Der Bruttogewinn ist die Differenz zwischen dem Verkauf und den direkten Kosten der Verkaufsabwicklung. Nein, das ist nicht alles Gewinn, also geh den Ferrari noch nicht kaufen. Oder besser gar nicht.

VERBINDLICHKEIT

Eine finanzielle Verpflichtung oder ein Betrag, den man einem Unternehmen oder Individuum schuldet. Kann auch ein Expartner mit einem teuren Anwalt sein oder ein außer Kontrolle geratener Verkaufsmitarbeiter.

NETTOGEWINN

Leider nicht direkt eine Kasse voller Bargeld. Der gesamte Bruttogewinn abzüglich aller Geschäftskosten. Dieser Gewinn existiert auf dem Papier. Sobald du das erkannt hast, ist dies die Kohle, die du ausgeben oder reinvestieren kannst. Ich empfehle das Letztere.

FIXKOSTEN

Was du bezahlen musst, um ein Geschäft am Laufen zu halten. Alle regelmäßigen Kosten wie Miete, Werbung, Geräte und Verwaltung. Betteln, Borgen, Tauschen und Schmuggeln können diese Kosten niedrig halten. Lass dich niemals von den Fixkosten zum Fixer machen.

ÜBERSPEKULATION

Ein harmloser Begriff für eine ziemlich tödliche Angelegenheit. Das passiert, wenn ein Unternehmen seine Geschäftstätigkeit zu schnell erweitert und mehr verkauft, als die zugrunde liegenden Ressourcen hergeben – wodurch im Wesentlichen der Geldfluss versiegt. *Ego vobis valedico.*

GEWINN

Das Edelkoks der Geschäftswelt. Reiner, unverfälschter Gewinn – der Gesamtumsatz eines Unternehmens abzüglich der Gesamtkosten. Viel Vergnügen.

GEWINN-UND-VERLUST-RECHNUNG

(auch bekannt als Erfolgsrechnung, GuV, Kontenverwaltung)

Eine finanzielle Erklärung, die Umsätze und Kosten auflistet und verwendet wird, um den Brutto- und den Nettogewinn eines Unternehmens zu ermitteln. Hier kommt noch eine Erklärung: Wenn du dich in der Verlustzone bewegst, musst du die Einsätze erhöhen. Und zwar schnell.

UMSATZ

(auch bekannt als Einnahmen)

Der Betrag, der vor Abzug von Kosten, Steuern und anderen Abschlägen erwirtschaftet wird. Sorg dafür, dass der Umsatz ungehindert fließt, und halt dich von den Felsen fern.

LAGERBESTAND

Das ist einfach. Die tatsächlichen Produkte oder Materialien, die ein Unternehmen aktuell zur Verfügung hat. Zu viel Lagerbestand, und du bist im Arsch; zu wenig, und du bist auch im Arsch. Ein Drahtseilakt.

VARIABLE KOSTEN

Ein Kostenfaktor, der je nach Anzahl der produzierten Güter oder der Nachfrage nach dem Produkt/der Dienstleistung schwankt. Dieser böse Junge kann rauf- und runtergehen wie ein Jo-Jo.

BETRIEBSVERMÖGEN

Das Bargeld, das einem Unternehmen für die täglichen Ausgaben zur Verfügung steht. Denk daran: Jedes Pfund, das du ausgibst, ist ein Pfund, den du auch wieder verdienen musst, also lass dein Betriebskapital so hart arbeiten, als würde dein Leben davon abhängen – das Leben deines Unternehmens tut es auf jeden Fall.

Durchlesen, lernen, anwenden, loslegen!

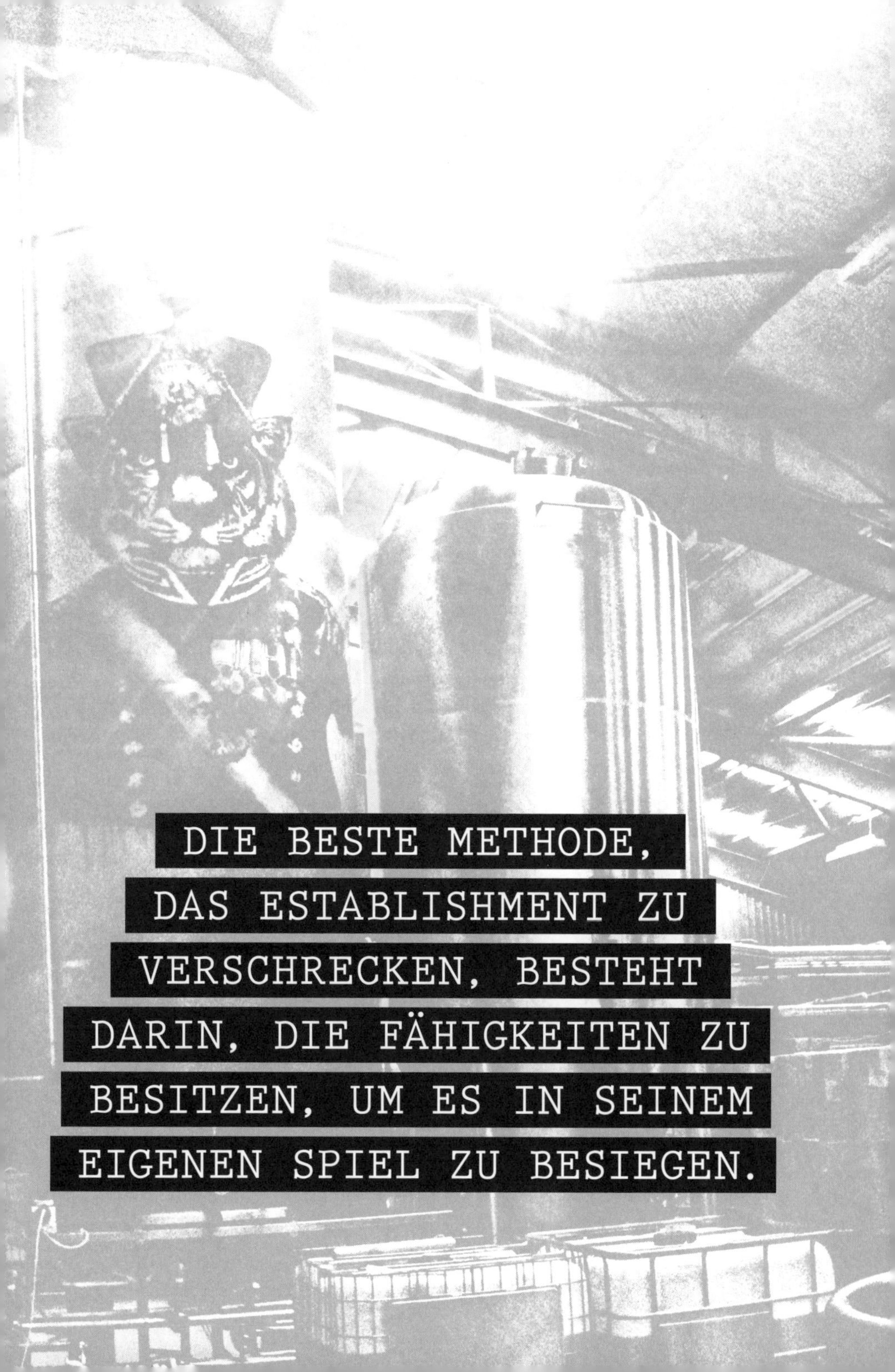

DIE BESTE METHODE,
DAS ESTABLISHMENT ZU
VERSCHRECKEN, BESTEHT
DARIN, DIE FÄHIGKEITEN ZU
BESITZEN, UM ES IN SEINEM
EIGENEN SPIEL ZU BESIEGEN.

KENN DEINE ZAHLEN

Ehe Martin und ich BrewDog ins Leben riefen, hatten wir keine Ahnung von Finanzen. Ich hatte ja schon Schwierigkeiten, meine eigenen Kontoauszüge zu begreifen, ganz zu schweigen von einer Bilanz. In Anwendung des ursprünglichen Punk-DIY-Ethos, alles zu lernen, was wir brauchten, um vollkommen unabhängig zu sein, belegte ich zahlreiche Finanz- und Buchhaltungskurse. Ich verschlang Finanzbücher. Ich verbrachte möglichst viel Zeit damit, das Wissen der besten Finanzexperten aufzusaugen, die ich ausfindig machen konnte. Ich hörte mir Podcasts an und blieb nachts länger auf, um mir Onlinevorlesungen für Finanzwesen anzuschauen.*

Ich besuchte in Rekordzeit einen Finanznerd nach dem anderen, einfach weil ich musste. In den letzten Jahren habe ich für verschiedene Zeitungen über die Steuerreform geschrieben, die schottische Regierung im Hinblick auf eine positive Beeinflussung der Finanzierung von Kleinunternehmen beraten und zahlreiche Vorlesungen über Crowdfunding und über unseren radikalen neuen Finanzierungsansatz an Universitäten und bei hochrangigen Business-Events gehalten. Ich wurde zum Finanzexperten, weil ich keine andere Wahl hatte. Und du hast auch keine.

80 Prozent aller neuen Unternehmen scheitern. Und sie scheitern immer aus finanziellen Gründen. Je besser du die Zahlen verstehst, desto weniger können sie dich und deine Träume unter sich begraben.

Finanzen sind der Lebenssaft deines Geschäfts. Sie sind die Grundlage der Zukunft deines Unternehmens. Es ist deine Aufgabe, sie in Schuss zu halten. Wenn du das nicht hinkriegst, seid ihr – du und dein Rudel – nur emsige Idioten, die zur Melodie der drohenden Bedeutungslosigkeit tanzen, und dazu verdammt, mangelndes Glück und widrige Umstände für eure eigene Unfähigkeit verantwortlich zu machen. Machst du alles richtig, winkt der Erfolg.

* *Na gut, das Letztere hab ich vielleicht nur ein einziges Mal gemacht. Aber du verstehst, worauf ich hinauswill.*

Machst du es falsch, kommt irgendein Arsch im Nadelstreifenanzug und zieht dir den Boden unter den Füßen weg. Risikokapitalschweine, falsche Business-»Angels« und gierige Banker zahlen ihre Rechnungen, indem sie das Gerippe von finanziell unerfahrenen Unternehmern abnagen. Sie werden dich verschlingen wie die Geier ein überfahrenes Kaninchen, während sie dich mit ihren rotweinverfärbten Zähnen angrinsen.

Die erste Lektion des Finanzwesens ist Cashflow. Und es ist eine entscheidende. Der Cashflow muss strömen. Wenn er versiegt, gehst du mit deinem Geschäft spontan in Flammen auf wie der weiße Hai im gleichnahmigen Film, als Chief Brody ihn in Fetzen schießt. *Adios, amigo. Game over.*

Ein Mangel an Cashflow kann dein Unternehmen augenblicklich umbringen, als würde ihm mit einer abgesägten Schrotflinte ins Gesicht geschossen. Eine geringe Bruttogewinnspanne tötet dein Geschäft langsam, als würde es von einem Bankmanager gefoltert. Es gibt noch etliche andere Faktoren, mit denen du kämpfen und die du in den Griff bekommen musst, von der Preisstrategie über die Finanzierung bis hin zu Überspekulation und Zahlungsbedingungen. Für totale Idioten gibt es auf den Seiten 52 bis 55 ein einfaches Glossar.

Jetzt kommen die fünf grundlegenden Finanzkenntnisse, die du brauchst, ehe du auch nur daran denken solltest, ein Unternehmen zu gründen:

1. **Cashflow-Modell entwickeln**
2. **GuV und Bilanzen lesen**
3. **Warenwert, Brutto- und Nettogewinnspanne kalkulieren**
4. **Cash-Burn-Rate ermitteln**
5. **Break-even-Point ermitteln**

Du kannst kein erfolgreiches Unternehmen aufbauen, ohne ein paar Entscheidungen von monumentaler Wichtigkeit zu treffen. Und du kannst keine monumental wichtigen Entscheidungen treffen, ohne deine Optionen vernünftig geprüft zu haben. Und – du ahnst es bereits – du kannst deine Optionen nicht vernünftig prüfen, ohne ihre finanziellen Auswirkungen vollständig zu begreifen.

80 PROZENT ALLER NEUEN UNTERNEHMEN SCHEITERN. UND SIE SCHEITERN IMMER AUS FINANZIELLEN GRÜNDEN. JE BESSER DU DIE ZAHLEN VERSTEHST, DESTO WENIGER KÖNNEN SIE DICH UND DEINE TRÄUME UNTER SICH BEGRABEN.

Es ist also an der Zeit, mit ein paar Zahlen zu jonglieren. Hol die Bücher raus und wärm dich auf. Wir machen jetzt mal ein ordentliches Finanz-Work-out.

Natürlich gibt es, wie bei allem im Leben, Optionen. Du könntest einfach einen Experten beauftragen – aber da sind wir wieder beim Cashflow: Die meisten Start-ups können es sich definitiv nicht leisten, einen tollen Finanzspezialisten zu engagieren. Selbst wenn du es kannst, musst du immer noch was von Finanzen verstehen, um den Experten zu verstehen, denn wenn du ihn nicht verstehst, hast du keine Kontrolle mehr über dein Unternehmen oder über dein Schicksal. Und wenn du keine Kontrolle mehr hast, tja, dann kannst du es auch genauso gut sein lassen und zu deinem bisherigen Job zurückkehren.

Bei BrewDog haben wir fünf Jahre lang die Grundregeln des Finanzwesens erlernt, ehe wir unseren fantastischen Finanzchef einstellten. Das war eine der besten Entscheidungen, die wir je getroffen haben. Und sie sogar noch getoppt, weil wir alle dieselbe Sprache sprechen.

Du wärst erstaunt, wie viele Leute voller Naivität ein Unternehmen gründen und keine Ahnung von Finanzen haben. Diese Deppen sollten und werden beiseitegedrängt werden. Sie sind zum Scheitern verurteilt. Ein finanziell starkes Unternehmen, das auf wohlüberlegten Entscheidungen basiert, kann so ziemlich jeden Sturm überstehen. Und wenn du erst mal die Leinen losgemacht hast, wird es reichlich Stürme geben.

CASH IS KING, VERDAMMT NOCH MAL

Man kann es leicht verwechseln, daher wollen wir hier mal ein für alle Male mit der Verwirrung aufräumen: Der Gewinn ist nicht das Wichtigste. Nicht mal annähernd. Und Cash ist nicht gleich Gewinn. Also kommen wir noch mal auf die Überschrift zurück: Cash is king, und zwar ohne jeden Zweifel. Der Gewinn ist bloß der Treibstoff, nicht das Ziel. Aber Cash, das ist der Sauerstoff und das Lebenselixier. Es gibt tatsächlich nur wenige Sicherheiten im Leben. Aber ohne

1. **liquide Mittel und**
2. **deinen Umgang mit diesen liquiden Mitteln wie ein zwangsneurotischer Spion aus dem Kalten Krieg**

kann ich dir garantieren, dass deine Firma scheitern wird, so wie die große Mehrheit aller Firmen scheitert. Alle Unternehmen, die scheitern, tun dies aus finanziellen Gründen. Und der finanzielle Grund, aus dem sie scheitern, hat immer etwas mit dem Cashflow zu tun.

Zahllose profitable Geschäfte gehen tagtäglich pleite, weil sie keine liquiden Mittel mehr haben. Es ist schwer zu begreifen, dass erfolgreiche, etablierte, hochprofitable Unternehmen schlagartig in die Bedeutungslosigkeit implodieren können. Aber das passiert. Und der Grund dafür ist ein ganz einfacher: Gewinne existieren auf dem Papier, Cash dagegen existiert in der wirklichen Welt. Mit Gewinnen kannst du deine Mitarbeiter, Debitoren, Lieferanten und Vermieter nicht bezahlen – das geht nur mit Barvermögen. Firmen, die ihre Rechnungen nicht bezahlen können, halten sich ungefähr so lange wie Hunde, die Autos jagen. Früher oder später kommen sie unter die Räder.

Cash is king, und wir müssen dafür sorgen, dass es an der Macht bleibt und uneingeschränkt herrschen kann. Wir müssen es stärken. Wir müssen mit geradezu religiösem Eifer den Cashflow überwachen und immer nach innovativen Methoden suchen, um ihn zu steigern. Dabei können scheinbar

kleine Details einen gewaltigen Unterschied ausmachen. Konzentrier dich auf Folgendes:

1. **Zahlungsbedingungen für Kunden.** Gestalte die Akkreditivbedingungen rigide und setz sie mit eiserner Faust durch. Noch besser ist es, wenn du erst gar keine Kredite einräumst.
2. **Zahlungsbedingungen für Lieferanten.** Erklär dein Einverständnis mit den Kreditbedingungen und versuche, die Zahlungsfrist auf mindestens 30 Tage auszuweiten, vorzugsweise aber 60 oder 90. Und dann bezahl immer rechtzeitig.
3. **Vereinbare Lastschriftabbuchungen mit deinen Handelspartnern.** Das gibt dir die Kontrolle, und sie zahlen, wenn du es sagst.
4. **Sorg für flexible Bankenkonditionen.** Ein Dispositionsrahmen bietet viel mehr Flexibilität als ein Kredit. Deine Chancen auf einen Dispo hängen von deinen Fähigkeiten ab, einen Banker rumzukriegen.
5. **Prüf täglich deinen Kontostand.** So sorgst du dafür, dass du immer aktuell informiert bist. Den Kontostand nicht täglich zu kontrollieren ist genauso, als würdest du nicht überprüfen, ob du atmest.
6. **Füll dein Konto im Voraus für größere Zahlungen auf.** Zum Beispiel für die monatlichen Gehaltszahlungen und kapitalintensive Projekte. Du musst dafür sorgen, dass du genügend Cash hast, um dein Wachstum zu finanzieren.

Cashflow ist die Hauptvoraussetzung des Wachstums, und um wirklich etwas reißen zu können, musst du exponentiell wachsen. Dafür musst du deinen Cashflow bis an die Grenzen und darüber hinaus treiben. Solange du deinen Cashflow nicht ganz genau verstehst, kannst du ihn nicht in die Gefahrenzone bringen.

Die ersten fünf Jahre standen wir bei BrewDog finanziell auf Messers Schneide. Unser Spielraum für Fehler war hauchdünn und wir brachten unsere ungenügenden Ressourcen an ihre absolute Grenze. Wir hatten viele Höhenflüge, waren aber gleichzeitig nur ein paar Cent von der Katastrophe entfernt. Und genau das ist die Krux. Ein kleines Unternehmen schnell wachsen zu lassen ist absolut nichts für Feiglinge. Wenn du in einer kleinen, ehrgeizig wachsenden Firma nicht ständig am Rande des finanziellen Ruins wanderst, quetschst du deine begrenzten liquiden Mittel noch nicht genügend aus. Die Komfortzone ist ein Bereich, in dem durchschnittliche Menschen mittelmäßige Dinge tun. Wenn du es auch nur ein winziges bisschen bequem hast, musst du weiter gehen.

Am Anfang verbrachte ich fast die Hälfte meiner Zeit mit dem hektischen Jonglieren von Zahlungsaufforderungen, Debitoren, Kreditoren, Lieferanten, Kunden, Banken und Gehaltszahlungen. Ich suchte ständig nach Möglichkeiten, genügend Geld zusammenzukratzen, um unserem Geschäft zum frühestmöglichen Zeitpunkt weitere Geräte, Mitarbeiter oder Räumlichkeiten hinzuzufügen, die unser konstantes Wachstum vorantreiben sollten. Und ich suchte pausenlos nach weiteren Finanzierungsquellen. Wir schafften es immer, alle unsere Mitarbeiter zu bezahlen, aber in den ersten drei Jahren gelang es Martin und mir nur sehr selten, uns selbst zu bezahlen.

So wie die besten Rennfahrer musst du immer am Rande des Risikos und der Möglichkeiten unterwegs sein. Du musst dich selbst und deine begrenzten Ressourcen in einem Rausch von Adrenalin, Risikofreude und Dreistigkeit an die absoluten Grenzen bringen. Deine gesamte Konzentration, dein Können und deine Aufmerksamkeit müssen auf das Ziel gerichtet sein, im Spiel zu bleiben, dein Herz am Schlagen zu halten und sicherzustellen, dass du genügend riskierst.

Während du in den Abgrund des Business starrst, denk an deinen König. Salutiere ihm, preise ihn und vor allen Dingen: Halte ihn am Laufen. Versteh ihn, komm mit ihm zurecht, bewältige ihn, und du wirst erfolgreich sein.

Aber eins steht fest: Ohne ihn bist du so richtig königlich am Arsch.

DER GEWINN IST NICHT DAS WICHTIGSTE. NICHT MAL ANNÄHERND.

DAS PARADOX DES WACHSTUMS: CASHFLOW UND DAS SCHWARZE LOCH

Das ist das wahre Paradox des Wachstums. Je schneller du wächst, desto mehr Cash brauchst du, nur um weiterhin auf der Stelle treten und den Kopf über Wasser halten zu können. Je mehr Produkte du verkaufst, desto mehr liquide Mittel brauchst du für den Lagerbestand und desto höher ist dein Debit. Außerdem musst du mehr in dein Team und in die Infrastruktur investieren.

Schau dir mal die Unternehmensperformance in der Tabelle auf Seite 66 an. Auf den ersten Blick sieht sie gut aus, das Wachstum und die Gewinne haben sich verdoppelt. Tatsache ist jedoch, dass die Firma am Ende ist. Sie befindet sich jetzt im Konkursverfahren mit einer Finanzierungslücke in Höhe von 15 000 Pfund.

Dieses Unternehmen ist in ein schwarzes Finanzloch gesaugt worden. Das Verkaufs- und das Gewinnwachstum sind großartig. Aber bei einem erhöhten Umsatz muss unweigerlich auch der Lagerbestand erhöht werden, und diese Vergrößerung des Lagerbestands bindet bis zu 10 000 Pfund Umlaufkapital. Durch den gesteigerten Umsatz steigt auch die Zahl der Schuldner; häufig wird bei steigendem Umsatz an größere Kunden verkauft, die immer später zahlen. Der Anstieg von Lagerbestand und Schuldnern reißt einen Krater von 15 000 Pfund in den Cashflow. Dieses Modell ist ziemlich vereinfacht und berücksichtigt weder die Infrastruktur noch die Betriebskosten, die den Cashflow in diesem Beispiel noch weiter zerschießen würden.

Ganz klar, das Unternehmen wächst und wirft solide Gewinne ab. Nichtsdestotrotz ist sein Untergang bereits besiegelt. Du kannst Löhne und Rechnungen nicht mit Lagerbestand und mit Schuldnern bezahlen. Du kannst sie nur mit Cash bezahlen. Und wenn du deine Rechnungen nicht bezahlen kannst – Game over.

DIESES EINFACHE BEISPIEL ZEIGT, WIE PROFITABLE UNTERNEHMEN SPONTAN IN FLAMMEN AUFGEHEN KÖNNEN.

	2012	2013	
UMSATZ	£5000	£10000	TOLLES UMSATZWACHSTUM. BRAVO.
LAGERBESTAND	£1000	£2000	UM DAS UMSATZWACHSTUM AUFZUFANGEN, HAT SICH DEIN LAGERBESTAND ERHÖHT.
SCHULDNER	£1000	£25000	WEIL DU MEHR VERKAUFT HAST, SCHULDEN MEHR LEUTE DIR GELD.
GEWINN	£500	£1000	DEIN GEWINN HAT SICH VERDOPPELT. BRAVO.
CASH	0	£1500	ABER DIE UNWEIGERLICHE STEIGERUNG VON LAGERBESTAND UND SCHULDNERN HAT SOEBEN DEIN TODESURTEIL GEFÄLLT.

Es gibt erschreckend viele Unternehmen, die ihrem Gründer entrissen werden, wenn ihr Cashflow ins Trudeln gerät. Die Nadelstreifengeier schlagen beim kleinsten Anzeichen von Not zu, und sie schänden und plündern deine Träume und deine Mission mit ihren gierigen Klauen. Wenn du diesem Schicksal entkommen willst, brauchst du eine robuste Finanzstrategie, um die steigenden Anforderungen an deinen Cashflow zu finanzieren, denn das Letzte, was du willst, ist ja wohl, diesen Trotteln in dasselbe schwarze Loch zu folgen. Selbst wenn es eine Wahrscheinlichkeit von 573 000 000 000 zu eins gibt, dass Stephen Hawking da drin ist.

Der Lebenssaft deines Geschäfts ist Cash. Wenn du den Cashflow nicht in den Griff bekommst, dann kannst du kein Unternehmen führen.

WENN DU DEINE RECHNUNGEN NICHT BEZAHLEN KANNST – GAME OVER.

KAUFEN IST DAS NEUE VERKAUFEN

Dein Produkt muss sich von alleine verkaufen und du musst in der Lage sein, dein Unternehmen und dich selbst zu verkaufen. Am wichtigsten ist das vermutlich, wenn du kaufst. Kaufen ist das neue Verkaufen – und du musst ein richtig guter Verkäufer sein, um immer den bestmöglichen Deal abzuschließen.

Egal wie begrenzt deine liquiden Mittel sind, du musst dafür sorgen, dass sie hart arbeiten. Wenn sie das bereits tun, dann lass sie noch härter arbeiten. Gerade wenn du klein bist, musst du in Bezug auf Cash in großem Maßstab denken. Du musst dir das Ziel setzen, zehnmal so viel aus jedem Pfund rauszuholen wie ein durchschnittliches Unternehmen. Wenn du dein Geld nicht zehnmal härter arbeiten lässt als deine größeren, reicheren Wettbewerber, wirst du nicht aufholen können. Denk immer daran, dass sie einen Multimillionen-Vorsprung haben. Es ist also an der Zeit, deinem Geld ein ordentliches Work-out angedeihen zu lassen.

Nehmen wir mal an, einer unserer wohlgenährten Freunde entschließt sich, 20 000 Pfund in das Marketing des Produkts seiner großen Firma zu stecken. Wir beabsichtigen, eine wesentlich größere Wirkung mit weniger als 2000 Pfund zu erzielen. Er gibt 50 000 Pfund für eine neue Website aus, wir planen, weniger als 5000 Pfund zu bezahlen und eine viel bessere Website zu machen. Total verrückt, sagst du. Aber ruf jetzt nicht gleich die Männer mit dem weißen Kittel. Der Deal lautet: voller Einsatz. Wir pressen das Äußerste aus allem heraus, um sicherzustellen, dass jeder ausgegebene Cent maximale Leistung bringt.

Bei jeder einzelnen Transaktion und jedem einzelnen Kauf musst du alles Verfügbare bis zum Letzten ausquetschen. Du musst deine Vorstellungskraft, deinen Willen und deinen inneren Antrieb bis zum Anschlag aufdrehen. Schwöre die Leute, die dir etwas verkaufen, auf das Wachstumspotenzial deines Unternehmens ein, auf die Markenwirkung, auf deine schnelle Zahlungsfähigkeit, auf deinen Wunsch nach einer langfristigen Partnerschaft und mach sie scharf auf den Deal. Verbreite Liebe. Dein Kernangebot kostet dich weniger als Cash, also kannst du es jederzeit nutzen, um einen Geschäftsabschluss zu versüßen. Ein paar Kisten Bier, die wir an das Büro unseres Zulieferers schicken, ersparen uns im Allgemeinen zwischen zwei und vier Prozent beim Einkauf – wenn wir das ein Jahr lang machen, sparen wir Millionen ein.

Spiel Lieferanten und Kostenvoranschläge gegeneinander aus und erfinde alternative Kostenvoranschläge, falls du keine zur Hand hast. Fürchte dich niemals davor, ein zu niedriges Angebot zu machen, wenn du etwas kaufst, und sei immer bereit, ein Geschäft sausen zu lassen, wenn es sich nicht gut anfühlt oder keinen kommerziellen Nutzen hat. Gib jeden Cent aus, als wäre er dein letzter, und sorg dafür, dass dein Team jeden Cent ausgibt, als wäre es sein eigenes Geld. Nur allein indem du dein Geld ein bisschen klüger einsetzt, kommst du viel, viel länger mit deinem begrenzten Budget aus.

Sei kleinlich beim Geldausgeben und großzügig im Denken. Hol das Optimum aus allem heraus. Verkauf deine Mama, wenn es sein muss.

MACH DIE BANK ZU DEINEM GROUPIE

Das Streben nach schnellem Wachstum bedeutet, dass Geld ein seltenes, aber lebenswichtiges Gut in deiner Welt ist. In keinem wachsenden Unternehmen reichen die Gewinne aus, um die laufenden und die Betriebskosten zu decken, zum Beispiel um Personal, Lagerbestand, Räumlichkeiten, Investitionsgüter, Kapitalaufstockung und – nicht zu vergessen – die Gläubiger zu bezahlen.

Die Herausforderung und die Kunst bestehen darin, all das oben Genannte zu finanzieren und gleichzeitig die Kontrolle über dein Unternehmen zu behalten. Du musst eine Menge Nüsse sammeln (und mit Nüssen meine ich Geld). Werde zum Alpha-Eichhörnchen. Lass die anderen Eichhörnchen unter deinem Banner marschieren. Trag alle Nüsse zusammen, die du kriegen kannst, um deine ständig wachsende Eichhörnchen-Armee zu ernähren. Der Erfolg deiner Kolonie hängt von deiner Fähigkeit ab, die besten, größten und nahrhaftesten Nüsse auszuwählen und reichlich zu verteilen. Und es gibt keinen besseren Ort, um nach Nüssen zu suchen, als eine Bank.

Es gibt haufenweise dicke Bücher über das Für und Wider der verschiedensten Optionen im Hinblick auf Bankkredite; leider kann ich kein einziges davon empfehlen. Es ist besser, die verschiedenen Optionen selbst zu beurteilen – von Kontoüberziehung über Rechnungsdiskontierung, lang- oder kurzfristige Darlehen bis hin zur Eigenkapitalfinanzierung. Wenn du dich mit diesem Zeug nicht auskennst, wird kein anzugtragender Bankenheini dir helfen, und du bist schon pleite, bevor dein Zug aus dem Bahnhof gefahren ist.

Ich werde mich hier mit der Schizophrenie des Umgangs mit einer Bank befassen. Manchmal musst du gleichgültig sein, dann wieder ein totaler Schleimer. Hier kommt der Geschäftsbankmanager ins Spiel. Diese Typen wollen dabei sein. Sie wollen ganz vorne mitspielen. Sie wollen auf dem Surfboard stehen, um große Wellen zu reiten. Sie wollen Teil des neuesten heißen Scheiß sein. Nichts wünschen sie sich so sehr wie einen Musterkunden, der sie – und letztlich ihre Bank – gut dastehen lässt.

Wenn du das mal geschafft hast, kleben die Banken dir am Jackett wie verknallte Groupies. Die Kunst ist, sie dazu zu bringen, dass sie dir Geld geben, solange du noch Windeln trägst. Also geh direkt auf ihre Schwachstelle los und biete ihnen einen knallharten Verkaufs-Pitch. Sag ihnen, ihre Konkurrenz stehe schon auf der Türschwelle, um mit dir in die Kiste zu springen. Wir wollen schließlich alle das, was wir nicht haben können. Schwör sie ein auf deine Mission und dein Wachstumspotenzial. Schmier ihnen Honig ums Maul und geh ihnen um den Bart. Verkauf ihnen einen Traum. Lass sie glauben, dass du wirklich ihre Hilfe, ihre Erfahrung und ihre Anleitung brauchst, um dein Potenzial auszuschöpfen.

Kurz gesagt, bring die anzugtragenden eindimensionalen Finanzandroiden dazu, in deinen Begriffen zu denken und an dich zu glauben. Sie müssen sich unsterblich in das verlieben, was die Förderung deines Unternehmens für ihre Karriere leisten könnte. An dieser rutschigen Stange wollen sie hochklettern. Wenn sie glauben, dass dein Unternehmen das für sie leisten kann, hast du sie im Sack.

Also, was immer du auch verkaufst, verkauf es hier und jetzt, und zwar mit all deiner Überzeugungskraft. Überzeug sie, dass du sie brauchst und sie dich. Das ist womöglich die letzte Bastion der archaischen Technik des »Verkaufens« im Business des 21. Jahrhunderts. Mach was draus! Verkauf dich an die Banker, aber bewahre dir ein gesundes Maß an Zynismus, damit du nicht auch noch deine Seele verkaufst.

Anfang 2008, als wir echt ums Überleben kämpften, reichten wir einige Biere bei einem Bierwettbewerb von Tesco ein. Ich verkaufte wie gewohnt weiter ein paar Kästen pro Woche aus dem Kofferraum meines Autos auf Bauernmärkten und vergaß den Wettbewerb total. Ein paar Wochen später erhielt ich einen Anruf, dass wir den ersten, den zweiten, den dritten und den vierten Platz belegt hätten. Ich fuhr zur Tesco-Hauptniederlassung und setzte mein bestes Pokerface auf, als sie mir dort sagten, sie wollten unsere Biere landesweit auf den Markt bringen und 2000 Kästen wöchentlich bestellen. Ich erwähnte mit keinem Wort, dass wir nur zwei Jungs (und ein Hund) waren, die die Flaschen per Hand abfüllten. Ohne mit der Wimper zu zucken nahm ich die Bestellung entgegen und hatte vier Monate Zeit, um herauszufinden, wie zum Geier wir sie ausführen sollten.

Wir machten einen Plan und gingen zur Bank, um einen Kredit über 100000 Pfund für eine kleine Abfüllanlage und 50000 Pfund für zusätzliche Kessel zu beantragen. Zu dieser Zeit, Anfang 2008, trudelte die Weltwirtschaft ins Chaos und die Banker lachten mich im Großen und Ganzen bloß aus. Unseren bestehenden kleinen Kredit zahlten wir nicht ab, und sie sagten, es bestünde keine Chance, dass sie oder irgendeine andere Bank uns Geld leihen würden.

Unbeeindruckt marschierte ich in eine konkurrierende Bank auf der anderen Straßenseite. Ich erzählte dort von dem großartigen Abschluss, den ich mit Tesco erzielt hatte. Ich schwärmte, was für ein fantastisches aufstrebendes Unternehmen wir wären. Ich erklärte, dass wir trotz unserer gegenwärtigen Winzigkeit ein treuer langfristiger Partner für die Bank sein würden. Ich versprach, dass ich unsere Geschäftsbeziehung auf unserer Website hervorheben, die Bank in unseren Social Media loben und bei anderen Kleinunternehmen für sie werben würde. Und was das Wichtigste war: Ich behauptete, dass unsere derzeitige Bank uns gerade ein supergutes Angebot für die Finanzierung unserer neuen Abfüllanlage und neue Braukessel gemacht hätte, aber wenn sie das noch überbieten könnte, würden wir mit all unseren Bankangelegenheiten wechseln. Und so geschah es dann auch.

Durch dieses Überbieten eines nicht existierenden Angebots konnten wir uns die Abfüllanlage und die Kessel besorgen, die wir brauchten. Die ersten Flaschen rollten drei Tage bevor wir sie an Tesco liefern sollten vom Band, und der Rest ist Geschichte.

Der einzige »Businessplan«, den wir im ersten Jahr hatten, war es, geile hopfige Biere zu machen und in billigen Anzügen den Banken das Blaue vom Himmel zu erzählen. Man könnte sagen, dass wir unsere Strategie seither nicht groß geändert haben.

Res ipsa loquitur. Es kann losgehen.

ALTERNATIVE FINANZEN

BrewDog ist ein alternatives Kleinunternehmen, das teilweise den Menschen gehört, die unsere Biere lieben. Sie sind unsere Shareholder, unsere besten Kunden, unsere Freunde und das Herz und die Seele unseres Geschäfts. Inspiriert vom Punk und mit der Mission, die Macht wieder in die Hände der Menschen zu geben, haben wir ein komplett neues Geschäftsmodell entwickelt.

Wenn dein Unternehmen wachsen soll und du dabei die Kontrolle behalten willst, ist es entscheidend, die Finanzierung auf eine Weise zu sichern, die nicht zugleich dein Todesurteil bedeutet. Als kleines alternatives Geschäft müssen wir cleverer sein und uns intensiver mit jeder Facette unseres Business beschäftigen, besonders wenn es um die Finanzen geht.

Bis Anfang 2009 hatten wir vier parallele Finanzierungsmodelle bei vier verschiedenen Banken, so weit, wie jede von ihnen gehen wollte. Aber wir wollten darüber hinausgehen. Natürlich war die weltweite Finanzkrise unserer Sache nicht gerade dienlich. Aber bei BrewDog mögen wir Herausforderungen und Beschränkungen, deshalb machte uns das bloß innovativ.

Diese Innovation, Equity for Punks, bei der wir Firmenkapitalanteile online verkauften, war ein echter Blitzkrieg: schnell, hart und gnadenlos effektiv. Für uns war das ein Umbruch. Wir haben jetzt unfassbare 15 000 Pfund Investitionskapital zusammenbekommen und eine Armee von Markenbotschaftern auf aller Welt geschaffen. In einem Rutsch haben wir über 30 000 neue Mitglieder für die erweiterte BrewDog-Familie gewonnen und gleichzeitig sichergestellt, dass wir genügend Kapital hatten, um unsere neue Brauerei zu bauen und das Unternehmen wachsen zu lassen.

Uns gefällt es, dass Leute, die Craft Beer ebenso lieben wie wir, jetzt einen Anteil an unserem Geschäft besitzen. Keine gierigen Abzocker, keine großen Fische, keine Investmentbanker, keine Risikokapitalgeber, keine herrschsüchtigen Elternteile. Einfach massenhaft Leute, die gutes Bier leidenschaftlich lieben.

WIR BETRACHTEN UNSERE
EQUITY-FOR-PUNKS-KOLLEGEN
NICHT ALS INVESTOREN.
SIE SIND DAS HERZ
UND DIE SEELE UNSERES
GESCHÄFTS UND UNSERE
DASEINSBERECHTIGUNG.

Wir betrachten unsere Equity-for-Punks-Kollegen nicht als Investoren. Sie sind das Herz und die Seele unseres Geschäfts und unsere Daseinsberechtigung. Sie sind die BrewDog-Community, derzeit 30 000 mit steigender Tendenz, und sie verbreiten die Botschaft des Craft Beer im gesamten Kosmos. Sie sind unsere Legionäre und marschieren unter der Flagge von besserem Business und besserem Bier, während sie den Traum mit uns leben.

Equity for Punks hat das Regelwerk der Finanzwelt in Stücke gerissen und das traditionelle Geschäftsmodell auf den Kopf gestellt. Wir sind eine Art moderne Punk-Kooperative, die sich um Vernetzung, Kultur und Gemeinschaft dreht.

Also hab keine Angst, neue verrückte Konzepte zu erfinden. Sei erfinderisch! Es gibt Regeln zu brechen, Gesetze zu überschreiten, Biere zu trinken und Imperien zu erschaffen.

BEWEISMATERIAL: EQUITY FOR PUNKS

Equity for Punks, die Grundlage und Antriebskraft von BrewDog, ist ein radikales innovatives Geschäftsmodell, dessen Wegbereiter und Entwickler wir sind. Mit Equity for Punks haben wir Kapitalanteile unseres Unternehmens über unsere Website an Menschen verkauft, die unsere Biere mögen.

Seit 2009 gab es Equity for Punks I, Equity for Punks II, Equity for Punks III und Equity for Punks IV mit vier separaten Crowdfunding-Sparten – jede davon größer und einflussreicher als die vorausgehenden. Zwischen den vier Anteilsangeboten investierten über 30 000 Menschen in unser Unternehmen und sammelten mehr als 15 000 Pfund, um uns bei der Finanzierung unserer umfassenden Expansionspläne zu unterstützen, und formten ein völlig neues Geschäftsmodell für kleine, kundenorientierte Marken und Unternehmen.

Die ersten sieben (ja, sieben!) juristischen Gesellschaften, mit denen wir das Equity-for-Punks-Projekt besprachen, lehnten es spontan rundheraus ab und erklärten uns, dass wir etwas Unmögliches wollten. Die meisten Menschen hätten nach den ersten drei oder vier Absagen aufgegeben, aber nicht wir – wir waren fest entschlossen, unsere Vision von einer Crowdfunding-Bier-Revolution zu verwirklichen. Als die achte Firma fand, es könne eventuell möglich sein, das zu tun, was wir uns vorstellten, setzten wir unsere gesamte Zukunft auf eine Karte, damit es funktionierte.

Wir lehnten uns weit aus dem Fenster, um Equity for Punks auf den Weg zu bringen. Wir hatten nur einen Versuch, und wenn der missglückte, wollten wir wenigstens mit Pauken und Trompeten untergehen. Wir mieteten einen Panzer von 1940, beklebten ihn mit BrewDog-Logos und stellten ihn vor der Bank of England und der Londoner Börse ab. Unsere Mission lautete, das System zu zerstören. Bei Equity for Punks ging es nicht darum, an den etablierten Regeln herumzufriemeln. Wir wollten das Dynamit zünden. Es war mehr Guy Fawkes als Rockefeller.

UNSERE MISSION LAUTETE,
DAS SYSTEM ZU ZERSTÖREN.

Wir wollten die Finanzierung von Kleinunternehmen mit einem lauten Knall ins 21. Jahrhundert befördern. Es ging darum, den Veränderern Macht zu geben, den Außenseitern, den Freigeistern, der Community, den Frustrierten, den Unabhängigen, den Punks. Gemeinsam können und werden wir alles verändern.

Unser Panzerüberfall machte Schlagzeilen und Equity for Punks ging durch sämtliche britischen Medien, von Fernsehen über Radio bis zu Zeitungen und Zeitschriften, was eine riesige Welle neuer Investoren nach sich zog. Unsere Markteinführungsstrategie war preiswert, hatte aber gewaltige Wirkung.

Bei fast allen anderen sogenannten Crowdfunding-Plattformen erwirbt man nicht wirklich Anteile des Unternehmens. Man bestellt im Grunde nur irgendwelche Waren, Vorteile oder Produkte vor, aber man investiert nicht in das Unternehmen selbst oder besitzt Anteile daran. Wir wollten, dass die Leute durch Equity for Punks wirklich einen Teil von BrewDogs besaßen, ein greifbares Stück unseres Unternehmens und unserer Brauerei und unserer Website, als wir 2009 online gingen.

Wir fanden auch, dass bestehende Crowdfunding-Plattformen wenig Glaubwürdigkeit besaßen und den potenziellen Investoren sehr wenig Sicherheit boten, und wir fanden es besorgniserregend, dass sie keinerlei gesetzlichen Regeln unterliegen. Unser Anteilsangebot unterzogen wir einem umfassenden rechtlichen Anerkennungsverfahren und legten dabei dieselben Maßstäbe an wie bei einem großen Börsengang, um unseren Investoren ein Maß an Sicherheit zu verschaffen, das sie bei anderen Crowdfunding-Plattformen einfach nicht bekommen.

Die minimale Investition in Equity for Punks betrug 95 Pfund, eine Obergrenze gab es nicht. Bei der Einführung von Equity for Punks IV brachen wir alle Rekorde und erzielten in den ersten zwei Wochen des Angebots über 5 Millionen Pfund an Investitionen, was für weitere Schlagzeilen sorgte.

Gemeinsam mit dem Anteil an unserem Unternehmen und an unserem zukünftigen Wachstum schnürten wir für unsere Equity-for-Punks-Investoren ein tolles Vorteilspaket, darunter:

- lebenslänglicher Rabatt von 20 Prozent in unserem Onlineshop,
- lebenslänglicher Rabatt von zehn Prozent in all unseren BrewDog-Bars,
- jährliche Einladung zu unserer legendären Jahreshauptversammlung,
- jährliche Einladung zu unserem Equity for Punks Open BrewDay,
- exklusives Vorkaufsrecht für alle neuen und limitierten BrewDog-Biere,
- BrewDog-Gutschein über zehn Pfund, um auf die Investition anstoßen zu können,
- jedes Jahr ein Geburtstagsbierchen auf unsere Rechnung,
- persönliche Equity-for-Punks-Karte,
- Zugang zu unserer fantastischen Website www.equitypunks.com, auf der man verfolgen kann, wie BrewDog geführt wird,
- zwölfmonatige Mitgliedschaft in unserem Bierklub bei Investitionen über 950 Pfund.

In weniger als fünf Jahren stieg der Wert der Investorenanteile an BrewDog um über 500 Prozent, was den Investoren sowohl einen ausgezeichneten finanziellen Gewinn für ihre Investition als auch eine Reihe von Vorteilen verschaffte.

2014 ging unsere Anteilshandelsplattform online, eine weitere Novität, denn wir sind das erste nicht börsennotierte britische Unternehmen, dessen Anteile öffentlich gehandelt werden dürfen. Die Anteilshandelsplattform war ein großer Erfolg für uns, weil wir auch hiermit neu definiert haben, was im Hinblick auf die Finanzierung von Kleinunternehmen möglich ist.

Aus unserer Sicht ist das wirklich Tolle am Equity-for-Punks-Modell nicht die finanzielle Seite. Es geht eher um die Festigung der Beziehungen zwischen uns und den Menschen, die unsere Biere mögen. Wir haben nicht bloß Investoren, sondern eine Community loyaler und überzeugter Markenbotschafter, unsere eigene Armee von Craft-Beer-Aposteln.

Unsere Equity-for-Punks-Investoren sind zugleich unsere besten Kunden – und jetzt gehören sie zum Gefüge unseres Unternehmens. Sie sind aktiv daran beteiligt, unser Wachstum zu fördern, und wir alle halten zusammen, um gemeinsam zu wachsen und gemeinsam zu profitieren. Wir wollten Schluss machen mit dem traditionellen, leicht feindseligen Paradigma, bei dem Hersteller und Kunden ein Nullsummenspiel miteinander spielen. Wir wollten ein Spiel daraus machen, bei dem es nur Gewinner gibt. Wir wollten unsere Ziele und Absichten vollständig mit denen der Menschen in Einklang bringen, die unsere Biere kaufen, um unsere Kunden langfristig an uns zu binden und sicherzustellen, dass wir alle dasselbe Anliegen haben.

Unsere Philosophie war es immer, den Abstand zwischen uns und den Menschen, die unsere Biere mögen, so klein wie möglich zu machen – und Equity for Punks ist die ultimative Verkörperung dieser Philosophie. Sie gewährleistet, dass wir und unsere besten Kunden auf derselben Seite stehen. Das ist der Schlüssel für dieses radikale und wirksame Geschäftsmodell. Wir haben alle einen Anreiz, gemeinsam große Gewinne zu erzielen, und dabei haben wir einen Riesenspaß.

WIR HABEN NICHT EINFACH BLOSS INVESTOREN, SONDERN EINE COMMUNITY LOYALER UND ÜBERZEUGTER MARKENBOTSCHAFTER, UNSERE EIGENE ARMEE VON CRAFT-BEER-APOSTELN.

QUETSCH JEDE FINANZQUELLE ZWEIMAL AUS

Such nach Geld. Jag ihm nach. Ergründe sämtliche Fördermöglichkeiten für dein Unternehmen wie ein besessener abservierter Ex, der die Liebe seines Lebens im Internet stalkt. Warum solltest du dein eigenes Geld ausgeben, wenn du auch das von anderen auf den Kopf hauen kannst? Abgesehen von den offensichtlichen Quellen gibt es diverse andere Möglichkeiten, an Geld zu kommen – legale, versteht sich.

Erstens gibt es sehr oft Kredite, zinsgünstige Kredite, Bürgschaften, Unterstützung bei der Stelleneinrichtung, Steuererleichterungen und unzählige andere Arten von Finanzierungshilfen bei den verschiedensten öffentlichen Stellen, bei Unternehmensentwicklungsagenturen, örtlichen Behörden und Regierungsorganisationen. Diese Art der Förderung ist zwar oft sehr schwer zu bekommen und verknüpft mit der Einrichtung von Arbeitsplätzen, aber in Anbetracht ihres Potenzials für die Ankurbelung deines Wachstums ist sie die Mühe definitiv wert. Im Laufe der Jahre sind wir Experten dafür geworden, die Zuschussmöglichkeiten für unser Unternehmen zu maximieren. Genau genommen konnte BrewDog nur aufgrund der großartigen Unterstützung so schnell wachsen, die wir durch Fördermittel erhalten haben. Ein paar Jahre nach unserem Start erhielten wir Förderung in Form von zinsgünstigen Krediten von Prince's Scottish Youth Business Trust, Support for Aberdeenshire Business, Scottish Enterprise, Scotland Development International, Regional Selective Assistance und Business Gateway. Solche Organisationen sind dafür da, um kleinen und ehrgeizigen Unternehmen zum Wachstum zu verhelfen, also sorg dafür, dass du alles über die relevanten Einrichtungen in deiner Gegend weißt, und arbeite so eng wie möglich mit ihnen zusammen.

Zweitens: Eine Bank ist niemals genug. Es gab einen Zeitpunkt, da hatten wir vier, was ein bisschen übertrieben ist. Aber, hey, Übertreibung ist doch cool, oder? Leg nicht alle Eier in einen Korb. Du brauchst ein ausgewogenes Portfolio von Finanzierungsquellen; ein gut durchmischtes, strukturiertes Finanzpaket sorgt für ein gesünderes, stabileres Geschäft. Die Zusammenarbeit mit mehr als einer Bank gibt dir Optionen, eine gute Verhandlungsposition und hilft dir dabei, das richtige Finanzierungspaket für dich zu schnüren, mit dem dein Unternehmen die Plattform betreten und sich in die Sphäre der Oberliga hinaufschießen lassen kann. Banken hassen es, wenn du mit mehr als einer von ihnen Geschäfte machst, aber andererseits sind sie dann noch schärfer darauf, dir großartige Deals anzubieten, mit denen du dein Unternehmen absichern kannst.

Drittens musst du nach Möglichkeiten suchen, dein Geschäft von innen heraus zu finanzieren. Die Minimierung deines Lagerbestands setzt Finanzen frei, mit denen du die Expansion vorantreiben kannst. Lagerbestände sind ruhendes Kapital, und wenn dein Kapital ruht, kannst du es nicht nutzen, um dein Geschäft voranzubringen. Achte immer darauf, den geringstmöglichen Kapitalanteil in Form von Lagerbeständen festzulegen, und weite die Zahlungsfristen für deine Lieferanten so weit aus, wie es geht. Eine effektivere Lagerhaltung und die Verhandlung längerer Zahlungsfristen mit Lieferanten sind im Grunde verfügbares Kapital, und dieses verfügbare Kapital kann den Unterschied zwischen dem Erfolg und dem nur zu häufigen Scheitern eines kleinen Unternehmens bedeuten.

Das effektive Management deiner Schuldner ist eine bewährte und erprobte Methode, um den Cashflow anzukurbeln und den Kapitalfluss innerhalb deines Unternehmens zu verbessern. Das ist eine schmerzhafte Lektion, die fast alle Unternehmen in ihren ersten Jahren lernen: Es ist ein gewaltiger Unterschied, ob du etwas verkaufst oder tatsächlich für diesen Verkauf bezahlt wirst. Hüte dich unbedingt davor, irgendjemandem Kredit einzuräumen, und dränge außerdem darauf, dass sämtliche Transaktionen gegen Vorauskasse durchgeführt werden. Die meisten Unternehmen lernen das, indem sie sich die Finger verbrennen, und das gilt auch für BrewDog. Unser größter Verkauf im ersten Jahr war eine Bestellung im Wert von 1750 Pfund. Wir haben sie versandt und niemals das Geld dafür erhalten. Unsere eigene Naivität hat uns in diese Situation gebracht, und der Verlust hätte ziemlich leicht zum Untergang unseres Geschäfts führen können. Das war eine Lektion, die wir nur einmal lernen mussten.

Abgesehen von Forderungsausfällen und den schmerzhaften Schlägen, die sie hinterlassen, ist es ein Riesenunterschied, ob du deine Kunden nach zehn Tagen bezahlen lässt oder nach 90 oder gar 120 Tagen. Außenstände bei Kunden sind einer der Hauptgründe für das enorme Ungleichgewicht zwischen dem Gewinn und dem Kontostand vieler Unternehmen. Und das ist ein Unterschied, der einer Menge Unternehmen die Luft abschnürt und zu ihrem qualvollen Ende führt.

Vorausgesetzt, du schaffst den Start und hast ein Produkt (oder eine Dienstleistung), für das (oder für die) Leute tatsächlich zu bezahlen bereit sind, so sind die beiden Hauptgründe für das Scheitern zu viel in Lagerbeständen gebundenes Kapital und zu viele Außenstände. Gefahr erkannt, Gefahr gebannt! Also sei deinen Freunden nah, aber deinen Feinden noch näher, und geh jeden Abend ins Bett mit deinem Schuldnerverzeichnis, deiner Inventurliste und einer geladenen Luger auf dem Nachttisch. Die beiden Dokumente sind wesentlich tödlicher, und du musst all diese Schlüsselzahlen im Stundentakt im Blick behalten.

Viertens: Eine viel zu selten genutzte Form der Firmenfinanzierung ist die Inanspruchnahme von Darlehen oder anderen Finanzierungsmöglichkeiten durch deine Lieferanten. Auch sie sind daran interessiert, ihr Geschäft nach vorne zu bringen, und am einfachsten gelingt ihnen das, indem sie Unternehmen beliefern, die wachsen, denn das ermöglicht ihnen wiederum, ebenfalls zu wachsen. Wenn du also ein wachsendes Geschäft hast, werden die Lieferanten sehr erpicht darauf sein, mit dir zusammenzuarbeiten.

Lagunitas, eine fantastische, schnell wachsende amerikanische Craft-Beer-Brauerei, hat ihr Geschäft über Jahre hinweg auf der Grundlage von Darlehen durch ihren Flaschenproduzenten aufgebaut. Wenn die Brauerei wuchs, wuchs auch ihre Nachfrage nach Flaschen, was bedeutete, dass der Flaschenhersteller ebenfalls wuchs. Die Flaschenfirma nahm einen etwas höheren Zinssatz, als die Bank es getan hätte, was ihr einen größeren Gewinn garantierte und zudem die Einbindung eines riesigen Kunden und den Verkauf von massenhaft Flaschen. Es war ein großes Risiko für den Lieferanten, aber jetzt, da Lagunitas der drittgrößte Craft-Beer-Brauer in Amerika ist, hat sich diese unorthodoxe Strategie sowohl für die Bierbrauerei als auch für den Flaschenproduzenten ausgezahlt.

Die Förderung durch Lieferanten muss nicht notwendigerweise als formelles Darlehen daherkommen. Allein eine Verlängerung deiner Zahlungsfristen, häufig im Gegenzug für ein zusätzliches Prozent pro Rechnung, kann deine finanzielle Position maßgeblich verbessern.

Schließlich ist der Mietkauf von Gebäuden, Grundstücken, Büros, Fabriken und Einzelhandelsfilialen ebenfalls eine tolle Option, die viele Entwickler und Bauherren gerne in Betracht ziehen. Für dich hat es den gewaltigen Vorteil, etwas zu bekommen, das auf deine Bedürfnisse maßgeschneidert ist, und den noch größeren Vorteil, dass du es nicht vorfinanzieren musst.

Jage jedem Cent hinterher. Pimpe jedes Pfund. Ein Mensch braucht Förderung, besonders wenn er kein Geld hat. Werde zum Experten für die vollständige Ausnutzung jeder Finanzierungsmöglichkeit, die du dir nur vorstellen kannst, und dann nutze auch noch diejenigen aus, die du dir nicht vorstellen kannst. Oder erweitere dein Vorstellungsvermögen.

JAGE JEDEM CENT HINTERHER.
PIMPE JEDES PFUND.

VERTEIDIGE DEINE GEWINNSPANNE WIE EIN TOLLWÜTIGER ROTTWEILER

Jeder drittklassige Türklinkenputzer-Vertreter kann günstig verkaufen. Günstig zu verkaufen ist geschäftlicher Selbstmord. Vielleicht überlebst du eine Weile, aber es ist nur eine Frage der Zeit, bis es dich fertigmacht.

Du musst einen Preis festlegen und mit stählerner Entschlossenheit daran festhalten. Du musst in dieser Hinsicht unnachgiebig und unbeirrbar sein, denn jeder Einkäufer wird versuchen, deinen Preis zu drücken. Verteidige deine Position ohne Zögern. Du bestimmst, was du tust, du bestimmst, was du dafür verlangst, und es ist dem potenziellen Kunden überlassen, ob er es haben will oder nicht. Wenn du etwas gut machst, dich in aller Munde bringst und die Leute es haben wollen, sind sie auch darauf gefasst, tief in die Tasche zu greifen, um es zu kriegen. Versuch niemals, diese Entscheidung über den Preis zu beeinflussen. Es ist ein bequemer Weg, um den Umsatz anzukurbeln, aber meide ihn. Ein Preisnachlass ist wie ein Totalausverkauf, und es gibt kein Zurück mehr.

EIN PREISNACHLASS IST WIE EIN TOTALAUSVERKAUF, UND ES GIBT KEIN ZURÜCK MEHR.

Ob es dir gefällt oder nicht, Preisnachlässe sind das Crack des Business. Du bist sowohl der Junkie als auch der Dealer. Wie bei jeder Droge überdeckt das irrsinnige, süchtig machende, kurzfristige Hochgefühl vorübergehend die langfristige Wirkung des Unter-Preis-Verkaufs deines Produkts. Und nur zu schnell zappelst du im Netz. Deine Preisnachlass-Gewohnheit wird rasch außer Kontrolle geraten. Kosten senken, billiger verkaufen, Kosten senken, billiger verkaufen. Du wirst versuchen, Geld in der Produktion zu sparen. Die Qualität deines Produkts verringern, Einschnitte vornehmen, bis du am Ende deinem eigenen Geschäft die Kehle durchschneidest. Und dann dämmert dir langsam die Erkenntnis dieses selbst herbeigeführten Teufelskreises: Du kannst nicht mehr billiger werden. Du hast den Preis so weit gesenkt, dass du keine Gewinnmarge mehr übrig hast. Und du hast deiner Mission den Todesstoß versetzt. Game over, Kumpel – und das nur, weil du zum Rabattjunkie geworden bist.

Verteidige deinen Preis wie ein tollwütiger Rottweiler! Mach dich darauf gefasst, dass du massenhaft potenzielle Deals platzen lassen musst, weil der finanzielle Teil nicht stimmt. Egal wie das Angebot lautet, egal wer es anbietet, wenn es nicht ausreicht, lass es sausen und warte auf die nächste Welle. Wenn die Kunden noch nicht bereit sind für deine Großartigkeit, vertrau darauf, dass es bald so weit sein wird. Lass es drauf ankommen; in neun von zehn Fällen kommen sie mit einem passenden Angebot wieder.

Deine Geduld und Beharrlichkeit werden sich auszahlen und sie spiegeln deinen Glauben an dein Produkt und deine Markenintegrität wider. Also sei kein Loser, sondern ein Gewinner, und lass dich nicht beirren.

Über den Preis zu konkurrieren ist ein zweckloses Unterfangen. Kleine Unternehmen können einfach nicht gegen die Größenvorteile der dicken Fische ankommen – und sollten es auch gar nicht erst versuchen. Rabatte oder Preisnachlässe sind eine grauenhafte Strategie. Nutz deine Zeit lieber, um innovative und ansprechende Methoden zu finden, deine Kunden zu erreichen. Und wenn du etwas Gutes zu bieten hast, dauert es nicht lange, bis Massen von loyalen Fans sich in deine Produkte und Dienstleistungen verlieben.

In der Anfangszeit von BrewDog ließen wir mehrere Geschäfte sausen, weil potenzielle Kunden nicht bereit waren, unseren Preis zu bezahlen. Und siehe da, viele kamen zurück und arbeiteten mit uns zusammen, um Abschlüsse zu erzielen. Das hieß, dass wir einen anständigen Preis und eine solide Gewinnspanne erzielten, und das wiederum bedeutete, dass wir in unser Produkt, unser Team und unsere Marke investieren und unser Unternehmen weiter ausbauen konnten. Darüber hinaus respektieren sie unsere Integrität, weil sie wissen, dass wir jeden Kompromiss bei der Produktqualität rundweg ablehnen und keine albernen Spielchen mit dem Preis spielen.

Größere Kunden sind bekanntermaßen Tyrannen, was die Preisverhandlungen angeht. Vom ersten Tag an ließen wir uns davon nicht beeindrucken. Unsere Position war sonnenklar. Ich sagte ihnen einfach:

»Das sind die Biere, die wir herstellen. Das ist der Wert, den wir ihnen beimessen. Wenn Sie sie kaufen wollen, ist das prima, und das ist der Preis dafür. Wenn Sie sie nicht kaufen wollen, ist das auch okay. Aber der Preis ist der Preis: Wir geben keine Rabatte, wir geben keine Preisnachlässe und wir machen keine Kompromisse bei der Qualität. Wenn Sie unsere Biere nicht kaufen wollen, will das ganz sicher ein anderer.«

Es war eine gewagte Strategie, aber sie zahlte sich aus. Punk IPA, unser Aushängeschild, ist das meistverkaufte Craft Beer Großbritanniens im Außer-Haus-Verkauf und hat trotzdem den nachhaltigsten Preis aller Craft-Beer-Sorten in seiner Kategorie und ist das am schnellsten wachsende Craft Beer obendrein. Auch unsere Kunden haben durch diese Strategie gewonnen. Unsere Position bedeutete, dass wir weiterhin massiv in die Verbesserung unserer Biere investieren konnten, was ihnen eine bessere Produktqualität gab, sodass sie langfristig mehr davon verkaufen konnten. Du musst dich nicht an Erwartungen anpassen und dem Druck nachgeben – du kannst das Spiel nach deinen eigenen Regeln spielen. Du musst entscheiden, was du tust. Es steht den anderen frei, ob sie es kaufen wollen oder nicht.

Bei einer unnachgiebigen Haltung in Preisfragen ist es hilfreich, ein breit gefächertes Kundenportfolio zu haben. Wir haben hart dafür gearbeitet, bei BrewDog für eine große Vielfalt des Kundenstamms zu sorgen. Unser größter Kunde macht lediglich sieben Prozent unseres Gesamtgeschäfts aus. Diesen Kunden zu verlieren würde sich also nicht so stark auf unser Unternehmen auswirken, was bedeutet, dass wir im Hinblick auf unsere Preisgestaltung die Hosen anhaben und von jedem Deal Abstand nehmen können, der uns nicht gefällt. Doch viele Firmen geraten in die Zwickmühle, weil ihr größter Kunde 30, 40, 50 oder sogar über 60 Prozent ihres Gesamtumsatzes bestimmt. In einer solchen Position kannst du deine gesamte Verhandlungsmacht verlieren und die Durchsetzung deiner Preisvorstellungen wird zu einer Schlacht, die du nicht gewinnen kannst. Dieses Szenario ist allzu häufig der Grund für den Untergang von kleinen Unternehmen.

Ohne einen soliden, nachhaltigen, vertretbaren und etablierten Deckungsbeitrag hast du einfach nicht das notwendige Kapital, um dein Geschäft auf lange Sicht zu erweitern. Du brauchst eine solide Bruttogewinnmarge, um in dein Geschäft und dein Wachstum investieren zu können. Wenn deine Gewinnspanne nicht groß genug ist, befindest du dich auf einer Rutschpartie in Richtung Bedeutungslosigkeit.

MACH DEN STAFFELLAUF

Vielleicht möchtest du gerne eine Staffel benutzen, um an deiner optimalen Preisgestaltung festzuhalten. Staffelpreise sind ein sehr hilfreiches Werkzeug für dein Arsenal. Alles ist relativ. Du musst für die Relativität sorgen. Aber nicht à la Einstein. Staffelpreise sorgen dafür, dass deine Kunden eine tolle Auswahl bekommen, und diejenigen, die sich für den Durchschnittspreis entscheiden, machen ein gutes Geschäft. Wenn du ein Preisangebot für eine Dienstleistung machst, kann die Wahl zwischen verschiedenen Optionen Staffelpreise schaffen, und beim Erstellen einer Preisliste kann es sowohl den Verkauf als auch den Gewinn ankurbeln, verschiedene Produkte zu verschiedenen Preisen zu haben.

STAFFELPREISE SIND EIN SEHR HILFREICHES WERKZEUG FÜR DEIN ARSENAL.

Im Grunde funktioniert das ganz einfach. IPA ist zum Beispiel das Bier, das wir verkaufen wollen und das der Kunde kaufen will. Allerdings wird der Preis dafür vergleichsweise hoch oder niedrig aussehen, je nachdem, welche anderen Biere auf der Liste stehen. Indem wir dafür sorgen, dass auf der Preisliste, die wir dem Kunden schicken, noch deutlich teurere Biere stehen als dieses, wird es durch den unbewussten Vergleich viel attraktiver.

DAS IST EIN WIRKUNGSVOLLES WERKZEUG, DAS INTELLIGENT ANGEWENDET UND IN EINE GESAMTSTRATEGIE EINGEBUNDEN WERDEN MUSS, ABER DIESES SEHR VEREINFACHTE BEISPIEL VERANSCHAULICHT DAS PRINZIP:

PREISLISTE

A

LAGER	IPA	STOUT	PORTER
£ 20	£ 24	£ 22	£ 24

PREISLISTE

B

STOUT	PORTER	IPA	LAGER
£ 28	£ 26	£ 24	£ 24

INDEM DU TEURERE OPTIONEN ANBIETEST, GIBST DU DEM KUNDEN EINE CHANCE, ETWAS HOCHWERTIGERES ZU KAUFEN, WENN ER MÖCHTE. DAS KURBELT AUTOMATISCH DEN UMSATZ AN.

Ungeachtet der Tatsache, dass das IPA bei 24 Pfund bleibt, scheint es auf Liste B ein besseres Geschäft zu sein als auf Liste A, und zwar wegen seines relativen Preises im Vergleich zu den anderen Bieren. Der zweite Vorteil einer Preisstaffel ist: Indem du teurere Optionen anbietest, gibst du dem Kunden eine Chance, etwas Hochwertigeres zu kaufen, wenn er möchte. Das kurbelt automatisch den Umsatz an.

Du solltest unter gar keinen Umständen nur einen Preis nennen, wenn du ein Angebot machst oder verhandelst. Wenn du Illustrator bist und ein Angebot für eine vom Kunden gewünschte Zeichnung machst, nenn ihm nicht nur einen Preis, sondern eine Bandbreite von Preisen mit einer Bandbreite von Optionen, und lass immer eine verrückte Option mit einfließen. Damit kannst du die Preissensibilität deines potenziellen Handelspartners besser einschätzen. Wenn du Webdesigner bist, nenne einem potenziellen Kunden niemals nur einen Preis, sondern mach ihm ein gestaffeltes Angebot mit verschiedenen Optionen und Anreizen. Das kurbelt deine Verkaufszahlen an und sorgt dafür, dass deine Optionen auf der mittleren Ebene, die im Hinblick auf die Profitabilität deine bevorzugten sein sollten, nach einem tollen Geschäft aussehen. Zum Beispiel:

Angebot für die Gestaltung eines Zeitschriften-Covers:

- Zweifarbige Illustration **1200 Pfund**
- Farbige Illustration **4000 Pfund**
- Covergestaltung einschließlich zehn Siebdrucken der Originalillustration **7500 Pfund**
- Covergestaltung mit Live-Zeitraffer-Video zur Verwendung auf der Zeitschriften-Website **12 000 Pfund**

Angebot für die Website einer neuen Zoohandlung:

- Sechsseitige Website **1950 Pfund**
- Zehnseitige interaktive Website **2500 Pfund**
- Website mit responsivem Webdesign einschließlich E-Commerce-Portal **5000 Pfund**
- E-Commerce-Website mit responsivem Webdesign mit Nutzerprofilen und Community-Portal **10 000 Pfund**
- Website, die von echten Tieren gestaltet wurde **1 000 000 Pfund** – bitte in Hundekuchen bezahlen. Wuff!*

Staffelpreise sind ein schlichtes, aber wirksames Business-Tool, also musst du sie nutzen und zu deinem Vorteil einsetzen. Sie sorgen dafür, dass du immer den größtmöglichen Umsatz mit einem Kunden machst, und sie sind außerdem eine wunderbare Methode, etwas Teures wie ein gutes Geschäft aussehen zu lassen. Du lässt dir einen großartigen Trick entgehen, wenn du nicht die Gelegenheit nutzt, immer noch einen Zusatzverkauf zu machen und jeder Transaktion mehr Wert zu verleihen.

** Nutze immer die Gelegenheit, ein bisschen Humor einfließen zu lassen und die Leute zum Lächeln zu bringen. Preisangebote und Rechnungen lösen nur selten ein Lächeln aus. Du wirst dich wirklich von anderen abheben, wenn deine es schaffen!*

GELD WEG, KONTROLLE WEG

Unter gar keinen Umständen solltest du jemals Geld verlieren, um zu wachsen. Wer so eine Strategie verfolgt, hat einen Orden für Beklopptheit verdient. Natürlich musst du wachsen, aber auf profitable Weise. Wachstum durch Verlust ist absolut nicht nachhaltig und bedeutet, dass du am Ende die Kontrolle über dein Unternehmen verlierst. Also sorg dafür, dass du kein Loser bist, und zwar durch eine engmaschige finanzielle Überwachung, realistische Preisforderungen für dein Produkt und die Nutzung aller Mittel zur Kostenkontrolle.

Wachstum auf Kosten des Gewinns und Wachstum auf Kosten der finanziellen Sicherheit sind die Sache nicht wert. Die alte Business-Weisheit, dass es nicht auf den Umsatz, sondern nur auf den Gewinn ankommt, wird bis in alle Ewigkeit gelten. Viel zu viele Unternehmen konzentrieren sich nur auf das oberflächliche Wachstum und kurbeln den Umsatz an, ohne dafür zu sorgen, dass dieser Umsatz auch für geschäftlichen Gewinn sorgt.

Wenn deine Strategie darin besteht, zu wachsen und dabei Geld zu verlieren, gibt es nur zwei mögliche Ergebnisse: Entweder geht dein Unternehmen bankrott oder du verlierst die Kontrolle darüber. Keines der beiden Szenarien ist wirklich attraktiv. Du kannst die Welt nicht verändern, wenn du nicht mehr am Steuerrad sitzt.

Innocent Drinks fing mal als großartige Firma an: Mit ihrer Kombination aus fantastischen Smoothies und einer bewundernswerten Ethik stand sie für alles Gute in der Welt. Innocent war die klassische Gute-Laune-Erfolgsstory und entwickelte sich vom Marktstand zu einer landesweit vertretenen Power-Marke. Dann setzte sie auf die Kamikaze-Strategie »Wachstum durch Geldverlust« und verlor die Kontrolle und ihre Seele. Als Konsequenz des alljährlichen Geldverlusts gehört sie jetzt Coca-Cola – einem Unternehmen, das genau das Gegenteil all dessen ist, für das Innocent zu stehen behauptete. Das finanzielle Dilemma ließ dem Unternehmen keine andere Wahl. Der Deal war wie eine Adoption der kleinen Meerjungfrau durch Darth Vader, nur eben auf geschäftlicher Ebene.

Wenn du durch Geldverlust wächst, wirst du früher oder später alles verlieren.

DU KANNST DIE WELT NICHT VERÄNDERN, WENN DU NICHT MEHR AM STEUERRAD SITZT.

LERNE, DIE EINSCHRÄNKUNG ZU LIEBEN.

WERDE ZUM ZAUBERER DER ALTERNATIVKOSTEN

Ein Geschäft zu führen ist so, als würde vor dir ein nie anhaltendes Fließband der Entscheidungen vorbeirasen. Du wirst eine Menge Entscheidungen treffen müssen, und zwar schnell und unter Druck.

Deine Fähigkeit, ein Unternehmen rasch zu vergrößern, hängt zum Großteil davon ab, wie gut du das Konzept der Alternativkosten begreifst. Doch der Schlüssel liegt darin, dieses rein finanzielle Konzept auf nicht-finanzielle Entscheidungen anzuwenden. Deine Ressourcen sind begrenzt, du wirst keine idealen Bedingungen vorfinden und du musst aus allem, was dir zur Verfügung steht, das Maximum herausholen.

Deine Fähigkeit, begrenztes Kapital und begrenzte Ressourcen einzusetzen, wird eine große Rolle für die Bestimmung deines Schicksals spielen. Und die beste Methode, um über die Verteilung deines Kapitals und deiner Ressourcen zu entscheiden, besteht darin, die Folgen für die Alternativkosten jeder vorstellbaren Entscheidung in jeder möglichen Situation vollkommen zu erfassen.

Die rein wirtschaftliche Theorie der Alternativkosten befasst sich mit der Tatsache, dass jede Ausgabe (sagen wir mal 50 000 Pfund) für etwas (sagen wir mal eine Abfüllanlage) in der Konsequenz bedeutet, dass dein Konto hinterher nicht nur um 50 000 Pfund schmaler ist, sondern dass du diese 50 000 Pfund auch nicht mehr für etwas anderes ausgeben kannst. Das sind 50 000 Pfund, die du nicht für die Eröffnung eines neuen Restaurants, für die Einstellung neuer Mitarbeiter oder für den Kauf zusätzlicher Bürofläche ausgeben kannst. Selbst wenn es also total sinnvoll ist, das Kapital zu investieren und eine Abfüllanlage zu haben, musst du bestimmen können, ob dieser Betrag vielleicht besser anderswo eingesetzt werden sollte, um das Wachstum deines Unternehmens zu fördern. In diesem Beispiel sind die Alternativkosten für den Kauf der Abfüllanlage, dass es dann nicht mehr möglich ist, eine neue Bar zu eröffnen, einen neuen Braukessel anzuschaffen oder zusätzlichen Büroraum zu erwerben.

Was stark wachsende Start-ups angeht, so haben die Alternativkosten noch größere Auswirkungen als nur die finanziellen. In einem kleinen Unternehmen ist alles begrenzt. Je eingeschränkter deine Ressourcen sind, desto bedeutsamer sind die Implikationen der Alternativkosten für jede Entscheidung. Alles kostet weitaus mehr als nur seinen Preis. Jede Entscheidung bedeutet, dass du eine Vielzahl anderer Dinge nicht mehr tun kannst, und zwar aufgrund der Konsequenzen der ursprünglichen Entscheidung für Finanzen, Räumlichkeiten, Ressourcen, Menschen, Zeit und eine Menge andere Faktoren.

Nur allein die Tatsache, dass du etwas tun kannst, heißt noch lange nicht, dass du es auch tun solltest. In den meisten Fällen solltest du es genau genommen nicht. Im Geschäftsleben ist es eine kluge Vorgehensweise, weitaus häufiger Nein zu sagen als Ja.

Weniger ist fast immer mehr. Die Alternativkosten einer langen Speisekarte sind der Zweifel des Kunden, wie frisch das alles eigentlich ist. Die Alternativkosten einer 40-seitigen Website sind, dass der Besucher ermüdet, sich langweilt und die wichtigen Punkte übersieht. Die Alternativkosten von mit Klamotten vollgehängten Kleiderstangen in deiner Boutique sind, dass kein Platz mehr bleibt, um die Kleidung ansprechend zu präsentieren. Die Alternativkosten von 200 Weinsorten in deinem Restaurant sind (abgesehen davon, dass du eine Menge Kapital in Lagerbeständen bindest!), dass deine Mitarbeiter sie höchstwahrscheinlich nicht alle in- und auswendig kennen und dem Kunden nicht leidenschaftlich und kompetent empfehlen können.

Auch Fläche hat Alternativkosten. Du schaffst massenhaft Sitzgelegenheiten in deiner kleinen Bar, und die Alternativkosten sind, dass die Kunden sich beengt und unwohl fühlen und nicht lange bleiben. Die Alternativkosten einer neuen Abfüllanlage in unserer Brauerei bestehen darin, dass wir diesen Platz nicht mehr für Braukessel nutzen können.

Lerne, die Einschränkung zu lieben, und erkenne, dass in einem kleinen Unternehmen alle Ressourcen begrenzt sind. Beachte immer die Folgen der Alternativkosten für all deine Ressourcen, nicht nur für das Kapital, wenn du dich für die beste Route entscheidest. Versuche immer, die Auswirkungen all dessen, das du tust, zu maximieren, sichere die großen Gewinne ab und vergeude keine wertvollen Ressourcen.

EIN GESCHÄFT ZU FÜHREN
IST SO, ALS WÜRDE
VOR DIR EIN NIE
ANHALTENDES FLIESSBAND
DER ENTSCHEIDUNGEN
VORBEIRASEN. DU WIRST
EINE MENGE ENTSCHEIDUNGEN
TREFFEN MÜSSEN, UND ZWAR
SCHNELL UND UNTER DRUCK.

C

Marketing für postmoderne Dystopie-Marionetten

TEIL C: MARKETING FÜR POSTMODERNE DYSTOPIE-MARIONETTEN

»Worauf es ankommt, ist: keine Angst vor dem Scheitern zu haben. Das rüstet dich dafür, die Regeln zu überschreiten. Dadurch kannst du die Kultur verändern und ganz vielleicht für einen Moment sogar das Leben selbst.«

Malcolm McLaren (Ur-Punk)

Wenn du ein kleines Unternehmen führst, musst du schnell herausfinden, wie du dein Marketingbudget aufblasen kannst, obwohl du eigentlich gar kein Marketingbudget hast. Unsere anarchistische, keinen Beschränkungen unterliegende Post-Punk-Marketingstrategie hatte den größten Einzeleinfluss auf unseren turbogetriebenen Aufstieg zum Ruhm. Punkt.

In den letzten paar Jahren hatten wir mehr Sendezeit und mehr Zeitungszeilen als jede andere britische Brauerei und erzielten rasch Aufmerksamkeit für das, was wir tun, indem wir die Bier-Schlagzeilen dominierten. Nicht übel, wenn man bedenkt, dass unsere Ausgaben praktisch bei null lagen und wir gegen ein paar ernst zu nehmende Mitbewerber mit Multimillionen-Etats antraten. Was das Marketing angeht, so haben wir bei BrewDog schnell gelernt, oberhalb unserer Gewichtsklasse zu boxen. Und dabei haben wir ein paar Bierproduzenten, die 200-mal so schwer sind wie wir, auf die Matte geschickt.

Wie wir das geschafft haben? Indem wir Punks waren. Indem wir eine spießige Branche aufmischten. Indem wir für das einstanden, woran wir glaubten, und das zu zerschmettern versuchten, woran wir nicht glaubten. Indem wir sicherstellten, dass unsere Kunden zu Fans werden konnten und unsere Fans zu Botschaftern. Indem wir es mit Branchengiganten aufnahmen und siegten. Und indem wir die Londoner Börse mit einem sowjetischen Panzer stürmten. All das verschaffte uns innerhalb der letzten sieben Jahre einen phänomenalen, schnellen Auftrieb.

Für ein Unternehmen ist Marketing heutzutage alles. Alles, was du und dein Geschäft macht, ist Marketing. Moderne Marken gehören nicht den Unternehmen, sie gehören den Kunden. Und der Marketingdialog ist immer gegenseitig, denn die Kunden sind aktiv an der Prägung deiner Marke beteiligt. Die Zeiten der Marken-Monolithen, die Branchen und Märkte mit alten Regeln und überholter Technik beherrschten und dominierten, sind vorbei. Während die sich verzweifelt an der Vergangenheit festklammern, kannst du beim Schmieden der Zukunft mitwirken. Im Marketing ist eine neue Zeit angebrochen und es gibt massenhaft tolle Gelegenheiten für alle, die kühn und fantasievoll genug sind, um ihre Chance zu nutzen.

Fall nicht zurück, fall auf! Wenn es um Marketing geht, kannst du mit der Nummer sicher nichts mehr reißen. Sicherheit ist langweilig, Sicherheit kann man vergessen, Sicherheit war gestern. Trabe nicht mit der Herde. Setz dich an die Spitze, überschreite die Regeln. Zum Teufel mit Konventionen und Konsequenzen!

Es ist an der Zeit, dein Produkt aufzumotzen, Punk in dein Marketing zu bringen und die Welt im Sturm zu erobern.

DEINE MARKE GEHÖRT DIR NICHT

Deine Marke ist dein wertvollstes Gut. Wenn du sie richtig steuerst, ist sie die mächtigste Waffe in deinem Arsenal zur Veränderung der Welt.

Die wichtigste Erkenntnis des modernen Markenaufbaus ist, dass du deine Marke zwar beeinflussen, aber niemals kontrollieren kannst, und ebenso wenig kannst du sie besitzen. Alle Marken gehören jetzt dem Konsumenten und werden von ihm geformt, und du als Geschäftsinhaber fährst lediglich mit. Sobald du das erkannt hast, kannst du versuchen, Einfluss auf das Ziel der Fahrt zu nehmen, aber du hast niemals wirklich die Kontrolle. Das Führen einer Marke ist heutzutage so, als würdest du auf dem Beifahrersitz eines Rallyeautos mitfahren, und die gesamte Welt mitsamt ihren eigensinnigen Stimmungen sitzt am Lenkrad.

Eine Marke ist nicht mehr nur ein Zeichen oder ein Logo. Sie ist jede Facette deines gesamten Geschäfts. Sie ist eine emotionale Reaktion in den Köpfen der Menschen, die du nicht kontrollieren kannst. Es beruht alles auf Wahrnehmung – nicht deiner eigenen, sondern der Wahrnehmung anderer. Es spielt überhaupt keine Rolle, wofür du deine Marke hältst; es zählt ausschließlich, was deine Kunden und potenziellen Kunden von ihr halten.

Deine Marke ist das zusammengesetzte Bauchgefühl der gesamten Welt im Hinblick auf dein Unternehmen und alles, was du tust. Das heißt, dass du und jeder in deiner Firma deine Marke leben müsst. Ihr müsst die Werte und die Mission leben, nach innen wie nach außen, und dann den Kunden entscheiden lassen, worum es bei eurer Marke geht. Nur durch Konsequenz, Engagement, Offenheit, Ehrlichkeit und Übereinstimmung kannst du im 21. Jahrhundert eine Marke aufbauen.

Alles, was du irgendwo in deinem Geschäft tust und was nicht vollständig mit deiner Mission und deinen Werten übereinstimmt, ist wie ein kleiner Selbstmord. Es ist nicht mehr der Tod der 1000 kleinen Schnitte; der Tod kann bereits durch zehn Widersprüchlichkeiten oder Indiskretionen eintreten. Kleine Dinge können dir überproportional schaden. Fehler werden aufgebläht und fallen auf dich zurück wie Felsbrocken. Lass die klitzekleinen Markenselbstmorde nicht die Seele deines Geschäfts töten.

Es ist unverzichtbar, dass dein Handeln mit deiner Kampagne in Verbindung steht – deine Mission muss alles antreiben, was du tust. Konsequenz ist der Schlüssel. Es dauert Jahre, wenn nicht gar Jahrzehnte, eine solide Marke aufzubauen: eine, die unverrückbar ist und den Wandel der Zeiten überdauert.

Heutzutage lässt sich eine Marke nur aufbauen, indem man die Marke lebt. Die Menschen wollen das Gefühl haben, dass sie an etwas teilhaben, das größer ist als sie selbst. Deine Marke muss ihnen die Gelegenheit dazu geben.

DEINE MARKE IST DIE MÄCHTIGSTE WAFFE IN DEINEM ARSENAL ZUR VERÄNDERUNG DER WELT.

ALLES IST MARKETING

Marketing ist die Gesamtsumme all dessen, was du und dein gesamtes Team tut oder sagt. Selbst wie du sagst, was du sagst, ist Marketing. Im digitalen Zeitalter der Vernetzung ist alles, was dein Geschäft tut, Marketing. Absolut alles kommuniziert etwas über dein Unternehmen und letztlich über deine Marke, was wiederum Einfluss darauf hat, wie die Leute sie wahrnehmen.

Die Mauern sind schon vor langer Zeit eingestürzt, auch wenn nur die cleversten Unternehmen diese neue Realität noch erleben. Die interne Kultur muss mit der externen Wahrnehmung abgestimmt werden. Die Tage der Zusammenhanglosigkeit sind vorüber. Das Publikum ist raffiniert, kenntnisreich und schnell, wenn es darum geht, Marketing-Bullshit zu wittern. Markenwahrheiten müssen sich von innen wie von außen wahrhaftig anhören, um authentisch und relevant zu sein.

Einfach ausgedrückt: Das Marketing hat die Zielsetzung, die Wahrnehmung deines Unternehmens positiv zu beeinflussen. Es sorgt für eine Übereinstimmung von Mission, Produkt und Dienstleistung und bindet den Kunden enger. Die Marketingreise – und um eine Reise handelt es sich, wenn es richtig gemacht wird – verwandelt den Interessenten in einen Kunden und den Kunden in einen loyalen Fan.

Solange wir nicht in andere Galaxien verkaufen, ist die hauptsächliche Triebkraft des Marketings die Emotion. Menschliche Entscheidungen werden nicht durch harte Fakten oder Logik veranlasst, seien sie auch noch so überzeugend, sondern durch Gefühle. Und hier liegt wirklich der Teufel im Detail. Konsumenten können sich an kleinsten Details festhalten, um eine rationale Begründung für emotional motivierte Entscheidungen zu finden. Was wir denken, treibt uns nur selten an, was wir fühlen, dagegen nahezu immer. Da Kleinigkeiten einen großen Unterschied bewirken können, musst du dafür sorgen, dass alle Kleinigkeiten großartig sind. Lass keine Gelegenheit aus, diese Beziehung herzustellen, zu nutzen und aufzubauen.

Kleinigkeiten bewirken große Unterschiede, wenn es um Gefühle geht. Also sorg dafür, dass selbst die kleinsten Details all dessen, was du tust, nicht nur umwerfend brillant sind, sondern auch einen Bezug zu deiner Mission haben. Und dass alles, was du tust, dich und dein Geschäft so darstellt, wie du es dir wünschst und wie es dargestellt werden muss. Das ist eine ziemliche Herausforderung, aber wie die meisten Herausforderungen im Leben ist es die Sache wert. Und es bietet dir eine Gelegenheit zu innovieren, herauszuragen und zu glänzen.

Moderne Konsumenten gehen gern selbst auf Entdeckungsreise, statt von Marken zwangsernährt zu werden. Wenn sich also deine ganze harte Arbeit und deine subtile Saat auszahlen, dann mit reichlich Zinsen. Wenn die Leute etwas Tolles, Skurriles, Liebenswertes oder Cooles an deinem Geschäft finden, dann bleibt das hängen. Und dieser Goldklumpen, den sie für sich entdecken, wird eine viel größere Resonanz erzeugen als die konventionelle Massenwerbung. Das Gute daran ist, dass es sehr viel billiger und sehr viel realer zu nutzen ist.

Weil alles Marketing ist, bedeutet dies, dass absolut alles auch eine Chance ist, eine noch engere Kundenbindung herzustellen. Du musst deine Mission und deine Markenpersönlichkeit in alles einflechten, was du tust, damit sie Widerhall finden, Verbindung herstellen und Dynamik erzeugen.

Bei BrewDog sind wir äußerst leidenschaftlich und respektlos, mit einem Hauch humorvoller Schrulligkeit und etwas Punkrock-Attitüde. Wir versuchen, diese vier Markenzutaten in alles einzuflechten, was wir tun. Und immer nach Gelegenheiten zu suchen, um die Leute zum Lächeln zu bringen. Humor ist die beste Methode, damit sich jemand in eine Marke verliebt – oder auch in einen Menschen.

Zum Beispiel dieser Bierdeckel. Im Allgemeinen sind Bierdeckel ziemlich langweilig, bloß ein Logo und vielleicht ein überstrapazierter Markenslogan. Aber unsere nicht. Wir haben beschlossen, die banalen und weitgehend unbeachteten Bierdeckel in eine Marketingchance zu verwandeln und sie zu nutzen, um Biertrinker anzusprechen und unser Ethos zu demonstrieren. Infolgedessen wurden sie über eine halbe Million Mal in sozialen Netzwerken geteilt, was uns eine Menge kostenlose Aufmerksamkeit gebracht und die Liebe zum Hopfen verbreitet hat.

HÖR MAL, PUNK!

Als Bierdeckel hat man ein hartes Leben. Eingequetscht unter einem Glas und rumgereicht wie ein Pokal. Ich sehe zwar richtig geil aus, aber meine Lebenserwartung ist kurz. Ich bin eine schöne Lüge.

Also, wenn du mich schon zerquetschen, durchweichen und umbringen musst, kannst du mir verdammt noch mal wenigstens genügend Würde lassen, um mich mit einem fantastischen BrewDog-Bier zu missbrauchen?

Ich bin ein williger Märtyrer für die Craft-Beer-Revolution.

Und jetzt trink weiter dein Bier, du Penner!

Selbst die Art und Weise, wie du deine internen Managementtreffen abhältst, ist mittlerweile Marketing. Bei unserer Planungssitzung 2015 waren wir in einem Fjord des nördlichen Polarkreises mit Killerwalen tauchen. Diese Form des Meetings wurde von drei verschiedenen Zeitungen publiziert, was uns kostenlose Publicity verschaffte und unseren Ruf stärkte. So viel zum Thema Managementtreffen in seelenlosen Konferenzzentren. Mit ein bisschen Fantasie kannst du sogar die ödesten Dokumente, beispielsweise Rechnungen, für dein Marketing nutzen und gleichzeitig die Wahrscheinlichkeit erhöhen, dass sie pünktlich bezahlt werden. Du könntest deiner Rechnung die folgende Fußnote hinzufügen:

Bitte bezahlen Sie diese Rechnung pünktlich, sonst bin ich nicht in der Lage, meinen Hund zu ernähren. Ich wünschte, das wäre nur Spaß. Falls Sie nicht die Absicht haben, pünktlich zu bezahlen, schicken Sie bitte ein paar Hundekuchen an:

BrewDog
Balmacassie, Ellon
Schottland

In der heutigen miteinander vernetzten digitalen Welt voller ungeheuer gewitzter Konsumenten der Generation Y ist jede einzelne deiner Handlungen Marketing, weil sie bewusst oder unterbewusst beeinflussen, wie die Leute dein Unternehmen und deine Marke wahrnehmen. Und gerade weil du deine Marke nicht kontrollieren kannst, musst du jede nur erdenkliche Chance nutzen, um sie in den Köpfen deiner potenziellen Kunden zu gestalten.

Alles oder nichts. Es liegt an dir.

KEIN BUDGET? KEIN PROBLEM!

»Das ist es, worum es beim Punk geht – die Tools zu nutzen, die wir durch Punk gelernt haben, um die Welt ein bisschen besser zu machen.«

Steve Hart (Journalisten-Punk)

Kein Budget zu haben ist für das Marketing des 21. Jahrhunderts definitiv kein Problem. Genau genommen ist es sogar ein riesiger Vorteil in der unzulänglichen Verkleidung einer Einschränkung. Die Werbung ist tot, es leben die neuen Medien! Du tust besser daran, dein hart verdientes Geld zu schreddern, als es in die Werbung zu stecken. Damit schadest du wenigstens nicht deiner Markenidentität.

Die Massenmedien sind ein alter Hut. Sie sind ebenso ignorant wie unwichtig – was dem ehrgeizigen Business-Punk direkt in die Hände spielt. Bei den traditionellen, aber völlig überholten konventionellen Marketingansätzen geht es nur um die Kohle, nur darum, Fernsehen, Radio und Printmedien Geld in den Rachen zu werfen. Man stellt sich zur Schau und protzt und prahlt. Wie ein Schmierenkomödiant, der am Glanz einer längst vergangenen Ära festhält. Kleinere Unternehmen können in diesem Bereich nicht mithalten, aber das sollten sie auch gar nicht wollen und sie brauchen es auch nicht.

Es ist an der Zeit, das Regelwerk mit dem Hackebeil zu zerstückeln. Es ist an der Zeit, den Ort und den Zeitpunkt des Spiels neu zu bestimmen. Verlagere den Schwerpunkt von der Masse auf die Nische, von den alten auf die neuen Medien. Online kannst du nicht nur konkurrieren, sondern auch diesen bürokratischen risikoscheuen Platzhirschen in den Arsch treten, die viel zu lange die Regeln bestimmt haben.

Die Leute wollen nicht mit Werbung bombardiert werden, deren Niveau auf den kleinsten gemeinsamen Nenner gesenkt wurde. Werbeaussagen und -versprechen klingen genauso unecht wie die Marken, die immer noch an dieser Art Medien festhalten. Heutzutage wollen die Konsumenten von etwas stimuliert und begeistert werden, das wirklich relevant für sie ist. Sie wollen etwas, woran sie glauben können. Und das wirklich Großartige ist, dass du es ihnen geben kannst – gratis.

Die Leute wollen Originalität, sie wollen Qualität, sie wollen Leidenschaftlichkeit, sie wollen Echtheit und sie wollen Integrität. Der Grundstein jeder effektiven Low-Budget-Marketingstrategie besteht aus massenhaft Online-Content, der bekräftigt, wie dein Unternehmen deine Marke, deine Mission und deine Werte lebt.

Jedes Unternehmen hat das Potenzial, im Online-Business zu glänzen. Wenn du beispielsweise Fischhändler wärst, der sich auf den frischesten Fisch aus nachhaltigen Ressourcen spezialisiert hat, gäbe es unbegrenztes Potenzial für tollen Online-Content. Dieses Unternehmen sollte

- einen Instagram-Account haben, auf dem täglich ein aktuelles Foto vom Fischmarkt hochgeladen wird,

- einen täglich aktualisierten Twitter-Feed betreiben, der die fangfrischen Produkte des Tages hervorhebt,

- in einem YouTube-Channel allmonatlich Videos von den verschiedenen Fischerbooten zeigen, die den Fischhändler beliefern,

- alle 14 Tage Rezepte für leckere Meeresfrüchte-Gerichte in einem Blog veröffentlichen,

- eine Website mit einem Bereich betreiben, der die Wichtigkeit von Fisch aus nachhaltigen Quellen betont.

Das alles wird zu Online-Followern führen; das wird eine Community für dein Unternehmen schaffen; das wird die Integrität demonstrieren, die hinter deiner Marke steht; und das wiederum wird dein Geschäft voranbringen.

Das obige Beispiel ist ein ziemlich offensichtliches. Und nichts, was nicht schon in zahllosen anderen ziemlich unterdurchschnittlichen Business- und Marketingbüchern geschrieben worden wäre. Eigentlich ist es mir fast ein bisschen peinlich, dass ich diesen letzten Abschnitt überhaupt geschrieben habe in Anbetracht seiner Banalität. Aber natürlich gibt es bei einer Punk-Geschäftsstrategie immer einen besonderen Dreh.

Wenn du damit zufrieden bist, ein echt solides Unternehmen zu haben mit einem weit überdurchschnittlichen Marketingansatz, dann funktioniert eine Strategie ähnlich der, die ich weiter oben skizziert habe, für dich richtig gut und wird dir gute Dienste leisten. Aber wenn du wirklich aufs Ganze gehen willst, musst du der Sache mehr Würze verleihen und deiner Online-Strategie etwas Dynamit hinzufügen. Der Dreh- und Angelpunkt ist hier folgender: Ohne ein durchgängiges Engagement und den Aufbau einer Community, ohne massenhaft regulären Online-Content, der zeigt, wie dein Unternehmen deine Marke lebt und atmet, wird jeder Versuch, deine Strategie etwas explosiver zu machen, nur hohl und künstlich daherkommen und sie vollkommen wertlos machen. Gelingt es dir dagegen, den verlässlichen, transparenten Markenbildungs-Content mit einem gelegentlichen hochriskanten Knaller zu kombinieren, könnten die Ergebnisse jenseits der Richterskala liegen.

Wir haben unsere alltägliche Online-Content-Strategie durch ein paar hohe Risiken aufgepeppt, zum Beispiel haben wir einen Videoblog nackt in einem Tiefkühler bei minus 30 Grad gedreht, 55-prozentiges Bier in überfahrene Eichhörnchen verpackt, ausgestopfte Katzen an Fallschirmen aus einem Helikopter über London abgeworfen, ein 45 Meter hohes Bild von uns an die Houses of Parliament projiziert, den russischen Präsidenten parodiert und eine einwöchige Regierungspetition mit einem Zwerg durchgezogen. Weiter hinten in diesem Buch gibt es noch viel mehr Details zu diesen Hochrisiko-Strategien, aber das Entscheidende ist, dass sie nicht funktioniert hätten, dass sie sich nicht weltweit verbreitet hätten, dass sie keine Wirkung entfaltet hätten, wenn es diesen soliden Content-Zustrom nicht gegeben hätte, der über lange Zeiträume sowohl vor als auch nach dem Abfeuern dieser Knaller unsere Marke etablierte und unsere Glaubwürdigkeit und Integrität hervorhob.

Ein weiterer wichtiger Faktor für das Funktionieren unserer Low-Budget-Aktivitäten mit großer Wirkung und hohem Risiko war, wie wir die gesamte Kommunikation drum herum gestaltet haben. Alle Informationen, die wir herausgaben, betonten intensiv die Verbindung zwischen diesen auffälligen Aktivitäten und unserer Kernmission. Zum Beispiel:

- Wir nutzten einen Zwerg für eine Petition an die Regierung, kleinere Getränkeeinheiten einzuführen, damit wir in unseren Bars kleinere Gläser verwenden konnten, die unser aromatisches Bier am besten zur Geltung bringen.

- Wir verpackten Bier in überfahrene Tiere, um die Leute zu schocken und Bier anders wahrnehmen zu lassen. Wir wollten etwas Aufrüttelndes schaffen, das die Konventionen hinterfragte und die Menschen dazu brachte zu erkennen, dass es eine schöne neue Welt der Biere da draußen gibt, die nur darauf wartet, von ihnen entdeckt zu werden.

Damit so eine Nummer gelingt, muss sie eng mit deiner Mission verknüpft sein, und du musst bereits eine wirklich starke Fangemeinde und eine glaubwürdige Marke haben.

Es gibt so viel Content, der um die Aufmerksamkeit wetteifert. Entscheidend ist: Solange du nicht etwas tust, das als Gesprächsstoff taugt, spielt es keine Rolle, wie hoch dein Budget ist, denn niemand wird darüber sprechen, was du tust.

Es ist eine unverfrorene, hochriskante Vorgehensweise. Das ist nichts für Feiglinge. Aber ein paar hochkarätige Bomben können deiner Marke enormen Auftrieb geben und deinem authentischen Marken-Content ein unfreiwilliges Publikum sowie jede Menge Zugkraft verleihen.

Auf ex, ausspülen und wiederholen. Noch mal von vorne. Der Aufbau einer Marke erfordert viele, viele Jahre der Beharrlichkeit.

HOPS FROM ABOVE
BREWDOG

DENK GLOBAL
STATT LOKAL.

JETZT WIRD'S GLOBAL

Die Mauern sind gefallen, die Welt ist rund und wir können über Grenzen hinwegdenken. Bei deinem Aufstieg zur Weltherrschaft brauchst du Grenzen nicht zu fürchten. Sie sind in jeder Hinsicht verschwunden.

Denk global statt lokal und frei statt lohnabhängig. Du kannst mittlerweile potenziell die ganze Welt erreichen – und das kostet weniger als eine Anzeige in der *Manchester Evening News*.

Strategie und Positionierung sollten auf Globalität ausgerichtet sein. Binde dich nicht an einen Ort oder eine geografische Zone. Im zweiten Jahr unserer Handelsaktivitäten haben wir mehr Bier in Tokio verkauft als in unserer Heimatstadt Aberdeen. Das Schöne am Informationszeitalter ist, dass du jetzt ein weltweites Publikum erreichen kannst. Alle unsere Social-Media-Kanäle haben Follower aus der ganzen Welt. Wenn dein Content gut genug ist, kannst du von deinem Schlafzimmer aus eine virale Flutwelle auslösen!

Deine globale Strategie sollte Handels- und Konsumentenmarketing miteinander verknüpfen. Bis jetzt haben wir 55 Exportmärkte erschlossen (nein, das ist kein Tippfehler, wirklich 55). Und das ohne Exporterfahrung und ohne Budget. Du brauchst nichts weiter als ein tolles Produkt und du musst nichts weiter investieren als Zeit. Wir haben eine erprobte Null-Budget-Technik, die wir immer wieder angewendet haben, um einen soliden Vertrieb und eine unmittelbare Zugkraft in neuen Exportmärkten zu entwickeln, und zwar mithilfe von lokaler kostenloser PR.

Ehe du jetzt an die Kaltakquise von irgendwelchen Exporteuren denkst (übrigens: Jeder Trottel landet irgendwann in der Sackgasse der Kaltakquise), exportiere lieber deine Mission. Begeistere lokale Blogger für dein Produkt. Wir haben kostenlose Proben unserer umdrehungsstarken Meisterstücke an wichtige Bierblogger in den von uns angepeilten Exportmärkten geschickt. Die haben dann uns und unsere Biere besprochen und uns damit zu einem Basis-Hype verholfen, der den Markt zu prägen begann. Daraufhin haben die besten Distributoren uns angerufen und darum gebeten, unser Bier kaufen zu dürfen. Sie fanden unsere Mission aufregend und hatten von dem Hype gehört, den wir in ihrem Land erzeugt hatten. Ebenso wichtig war, dass wir für sie bereits die Nachfrage geschaffen hatten, einen Markt, an den sie verkaufen konnten, und die alles entscheidende Sogwirkung an diesem Markt. Und das alles, ohne dass sie einen Finger gerührt oder viel Geld ausgegeben hätten.

Sprung in die Gegenwart. Inzwischen beschäftigen wir ein kleines Verkaufsteam, aber nicht im konventionellen Sinne. Seine Aufgabe ist vielmehr, die bestehenden Beziehungen zu nutzen und eine Anlaufstelle für unsere Kunden zu sein, statt auf telefonische Kaltakquise zu setzen wie Anfänger. Sein hauptsächliches Ziel ist es, mit unseren Schlüsselpartnern langfristige Beziehungen zum gegenseitigen Vorteil aufzubauen. Über die Hälfte unseres Umsatzes erzeugen wir auf internationalen Märkten ohne jeden direkten Kontakt zu Verkäufern oder irgendeiner Verkaufsaktivität. Wir tun nichts weiter, als Bestellungen aufzunehmen, zu verarbeiten und zu versenden. Total simpel.

BEI DEINEM AUFSTIEG ZUR WELTHERRSCHAFT BRAUCHST DU GRENZEN NICHT ZU FÜRCHTEN.

FANS STATT KUNDEN

Unser Heiliger Gral und der Grundstein unseres Vorgehens ist es, die Distanz zwischen uns und denjenigen, die unsere Biere mögen, zu verringern. Von Anfang an hatten wir einen absolut offenen Ansatz. Dass wir unsere Kunden hinter die Kulissen blicken ließen, hat uns ihnen nähergebracht. Wir wissen schließlich nur zu gut, dass Vertrauen nicht geschenkt, sondern verdient wird, und zwar durch Offenheit, Ehrlichkeit, Transparenz und Engagement.

Durch das Engagement für und den Kontakt mit Kunden kannst du sie für deinen Feldzug rekrutieren. Wenn du die Grundlagen richtig legst, werden sie zu aktiven Mitstreitern deiner Mission und verhelfen dir zum Erfolg. Werde zum Experten für die Nutzung von Technologie zum Aufbau von Beziehungen – du kannst sie mit jedem überall und jederzeit aufbauen. Kunden wollen sich für ein Unternehmen engagieren, das sie überzeugt; sie wollen bei einem Unternehmen kaufen, das auf dieselbe Weise atmet, liebt und lebt wie sie selbst und das für dieselben Werte steht.

Vom ersten Tag an wollten wir eine Gemeinschaft rund um unsere Marke und unsere Mission aufbauen. Während wir uns auf das Letztere konzentrierten, kümmerten sich unsere Fürsprecher um die Marke. Gemeinsam sorgten wir dafür, dass die Leute sich genauso für Craft Beer begeisterten wie wir. Durch Engagement und Zusammenarbeit, durch Zuhören statt Vorschreiben, durch den Aufbau einer Community haben wir massenhaft Fans für uns gewonnen. Viele von ihnen können wir mit Stolz als unsere Freunde bezeichnen.

Eine Community zu haben bedeutet, dass ein Dialog auch wirklich ein solcher ist. Es bedeutet direktes Kundenfeedback, mit dessen Hilfe du dein Angebot formen und verbessern kannst. Indem du deinen Kunden eine Stimme gibst und, was noch wichtiger ist, ihnen zuhörst, wird die Bindung an deine Fans immer enger. Moderner Markenaufbau ist keine Einbahnstraße, sondern beruht auf Gegenseitigkeit.

Natürlich war das Crowdfunding sehr wichtig für uns. Aber das Crowdsourcing war ebenso bedeutsam. Es hilft nicht nur dabei, unser Geschäft zu inspirieren, sondern ermöglicht es uns auch, brachliegende Talente anzuzapfen. Wir haben unsere Community dafür genutzt, um neue Barstandorte zu suchen, neue Mitarbeiter zu rekrutieren, neue Handelspartner ausfindig zu machen und sogar um neue Flaschenetiketten zu gestalten.

Dies sind einige der Methoden, mit denen wir Kunden in Fans verwandelt und die Distanz zwischen uns und den Menschen, die unsere Biere lieben, verringert haben:

1/ Interaktives Bloggen

Wir bloggen fortwährend und mit religiösem Eifer. Wir bloggen über Bier, über Zutaten, über unsere Zukunftspläne, über unser Team und über unsere Brauerei. Wir bloggen über die Dinge, die uns am wichtigsten sind: unser Bier und unsere Leute. Unser Blog zeigt jedem, dass wir völlig deckungsgleich sind und Tag für Tag unsere Marke leben.

2/ #MashTag

#MashTag war das erste Bier der Welt, das demokratisch über die sozialen Medien entwickelt wurde. Ein zu 100 Prozent durch Crowdsourcing entstandenes #MashTag war Bier vom Volk für das Volk. Wir ließen unsere Follower über jedes Element des #MashTag-Biers entscheiden, von Malz und Hopfen über besondere Zutaten bis zum Namen – und wir ließen sie sogar die Etiketten gestalten. Im Prinzip haben wir unseren Fans die Kontrolle über die Brauerei und den Brauvorgang gegeben. #MashTag erwies sich als so erfolgreich, dass wir es seit seiner Einführung 2012 jährlich durchgeführt haben.

3/ Die Prototypen-Challenge von BrewDog

Jedes Jahr spielen unsere Kunden eine bedeutende Rolle bei der Gestaltung unseres Biersortiments. Wir bringen jeweils im Dezember vier Bier-Prototypen heraus und lassen unsere Kunden dann online abstimmen, welches davon sie gerne in unserem dauerhaften Angebot haben möchten. Einige unserer meistverkauften Biere, darunter Jack Hammer, Cocoa Psycho, Five AM Red Ale und Vagabond, verdanken ihre Existenz unserer Prototypen-Challenge und der Macht unserer Community. Alle Macht dem Volke. Und das Bier auch.

Wir machen Bier in erster Linie für unsere Kunden, also ist es absolut sinnvoll, sie entscheiden zu lassen, welche Biere wir in unserem Sortiment führen sollten.

4/ Die große BrewDog-Barjagd

Wer könnte unsere nächsten Barstandorte besser auswählen als die Leute, die sie tatsächlich aufsuchen werden? Wir bieten bei der großen BrewDog-Barjagd eine Belohnung von 2000 Pfund in bar für diejenigen Fans, die uns beim Finden neuer Locations helfen. Bisher hat dieses Konzept uns fünf großartige neue Barstandorte in ganz Großbritannien verschafft.

DURCH DAS ENGAGEMENT FÜR UND DEN KONTAKT MIT KUNDEN KANNST DU SIE FÜR DEINEN FELDZUG REKRUTIEREN.

5/ Equity for Punks

Unsere Equity-for-Punks-Initiative (siehe S. 76) hatte wesentlich mehr mit Marketing zu tun als mit finanzieller Unterstützung. Denn sie nahm Bezug auf unsere Mission und verringerte erneut den Abstand zwischen uns und den Menschen, die unsere Biere lieben. Wir haben jetzt 30 000 Shareholder, und jeder Einzelne ist ein Markenbotschafter für BrewDog. Jeder fühlt sich mitverantwortlich, jeder verbreitet die Botschaft des Craft Beer. Das war vielleicht unsere effektivste Marketingkampagne ohne jegliches Budget. Equity for Punks hat die BrewDog-Community und ihr Ethos fest verankert. Es war gerade deshalb so effektives Marketing, weil es eigentlich gar kein Marketing war.

Communitys können auch auf Basisniveau aufgebaut werden und sind für kleine Unternehmen ebenso wirkungsvoll wie für größere. Je kleiner du bist, desto einfacher ist es tatsächlich, mit dem Aufbau deiner Community zu beginnen. Zum Beispiel so:

- Mein örtlicher Bierverkäufer baut eine Community auf, indem er jeden Donnerstag den Klubabend der Hobbybrauer veranstaltet.
- BeerSmith (eine App für Bierrezepte) baut eine Community auf durch einen wöchentlichen Podcast über alles, was mit dem Brauen zu tun hat.
- Musa, ein großartiges Restaurant in Aberdeen, baut eine Community auf, indem es unterhaltsame Online-Videos zeigt, wie man die beliebtesten Gerichte zu Hause nachkocht.

Egal welche Art von Geschäft du betreibst, du musst eine Community schaffen und Kunden in Fans verwandeln. Ohne Community und ohne Fans ist eine Marke oder ein Unternehmen zu einem allzu kurzen Leben verurteilt. Selbst mit einer kleinen, eingeschworenen Gruppe begeisterter Fans kannst du die Welt verändern.

WER AUFFALLEN WILL, MUSS WAS RISKIEREN

»Entscheidend ist, dass Sie bereit sind, wesentliche Risiken einzugehen – und der Möglichkeit eines echten Scheiterns ins Auge zu blicken –, um sich selbst für den wahren Erfolg zu öffnen.«

Noah Kerner (Tanzmusik-Punk)

Leg dir ein dickes Fell zu. Du musst Risiken eingehen. Mach ein paar verrückte Sachen. Jag deinem Team Angst ein mit deinen Ideen, und jag dir ab und zu selbst Angst ein.

Um beachtet zu werden, musst du große Wellen machen. Wir haben auf unserem Weg einige gigantische Tsunamis gemacht. Achte nur darauf, dass alles, was du tust, mit dem Grundgedanken deiner Mission zusammenhängt. Die eigentliche Aufgabe besteht darin, dass dein übergeordneter Feldzug und die Unternehmens-DNA bis in den Kern hinein mit jeder möglicherweise von dir ausgelösten Kontroverse verknüpft sind. Du kannst keinen größeren Fehler machen, als dich darum zu scheren, was die Leute denken. Zum Teufel mit Meinungen, Konventionen und Konsequenzen, es ist doch alles nur ein Spiel!

Mundpropaganda ist immer noch die effektivste und preisgünstigste Methode, um Aufmerksamkeit zu erregen. Solange du nicht etwas tust, was als Gesprächsstoff taugt, wird auch keiner von dir reden. Keine Angst vor Kontroversen. Scher dich nicht darum, ob du Leute vor den Kopf stößt. Steh zu deinen Überzeugungen und vertrau auf deinen Standpunkt. Die Nummer sicher ist was für Loser.

Falls du nicht gelegentlich vor Angst wie gelähmt bist, gehst du noch nicht weit genug. Beweg dich und dein Team raus aus der Bequemlichkeit. Bequemlichkeit dient nur dem Zweck, Mittelmäßigkeit und Anonymität am Leben zu erhalten.

DIES SIND EINIGE DER GRÖSSTEN RISIKEN, DIE WIR JE AUF UNS GENOMMEN HABEN …

BEWEISMATERIAL: HELLO, MY NAME IS VLADIMIR

Hello Vladimir – goodbye Entspannung. Es gibt viele Methoden, um auf sich aufmerksam zu machen. Eine davon ist es, sich für eine wichtige Sache einzusetzen. Manche Unternehmen spenden für wohltätige Zwecke, manche unterstützen ihre Gemeinden, manche gründen Stiftungen. Wie du dir schon denken kannst, helfen wir gerne den Rechtlosen.

Ein Bier herzustellen, das wir als »Not for Gays« vermarkteten, war sicherlich ein Risiko. »Hello, my name is Vladimir« allerdings war eine Reaktion auf die homophobe Politik des Kreml. Ich wurde gezeigt, wie ich auf respektlose Weise den ehemaligen KGB-Chef in Pop-Art-Manier darstelle, mit markigem Text und natürlich einem großartigen Bier. Ich saß halb nackt auf einem Pferd. Ich verarschte das Establishment und die politische Führungselite. Eine Art Perestroika für Punks.

Wir haben sogar einen Kasten Bier nach Moskau geschickt. Noch haben wir keine Nachricht darüber erhalten, ob der russische Präsident immer noch Craft-Beer-Jungfrau ist. Oder ob er BrewDog seinem beeindruckenden Lebenslauf hinzufügen kann. Oder ob es für mich jemals wieder eine sichere Reisemöglichkeit nach Russland geben wird.

EIN BIER HERZUSTELLEN,
DAS WIR ALS
»NOT FOR GAYS«
VERMARKTETEN, WAR
SICHERLICH EIN RISIKO.

THE END OF HISTORY:
EINE PROMENADENMISCHUNG
AUS BIER, KUNST UND
TAXIDERMIE.

BEWEISMATERIAL: THE END OF HISTORY

Als wir ein 55-prozentiges Bier entwickelten, das stärkste Bier, das es jemals gab, wollten wir dafür sorgen, dass die Welt davon Notiz nahm. Also verpackten wir das Bier in überfahrene Tiere. Wir hatten die Absicht, etwas ebenso Schönes wie Verstörendes zu schaffen: eine Promenadenmischung aus Bier, Kunst und Taxidermie. Hunderte von ehrgeizigen Wieseln und Eichhörnchen wurden befragt und kamen auf die Shortlist für diese Starrolle bei der Evolution des Biers. Unser Konzept war eine bahnbrechende Vereinigung von Bier und Kunst, die Tabus brechen, Konventionen überschreiten und die Wahrnehmung von Bier revolutionieren sollte.

Wir bekamen Aufmerksamkeit – und was noch wichtiger war: Craft Beer bekam Aufmerksamkeit. Durch diese grandios kontroverse Aktion konnten wir einen Beitrag zu den nachfolgenden Diskussionen leisten und eine Auseinandersetzung darüber auslösen, was Bier ist und was es sein kann. Eine Schockmethode, um die Welt zu verändern. The End of History war ein Nachrichtenthema auf der ganzen Welt, in praktisch jeder großen Zeitung weltweit, und bis jetzt haben sich über 100 Millionen Menschen diese Geschichte online angesehen. Oh, und einer unserer ausgestopften Brüder lebt jetzt im Australian Museum of Old and New Art.

Also, geh Risiken ein. Große, idiotische Herzstillstand-Risiken. Je größer, desto besser. Druck ist Treibstoff, und wir sind echt süchtig danach. Druck macht dich hungrig. Hunger lässt dich weiter wachsen. Ohne Druck endet jeder einfach nur als fauler Versager. Ohne Risiken einzugehen, ohne dem Scheitern furchtlos ins Auge zu blicken, wirst du nie große Erfolge feiern. Nichts wirklich Relevantes lässt sich jemals erreichen, ohne ein paar ordentliche Risiken auf sich zu nehmen. Kapp das Sicherheitsnetz und konfrontiere dich mit der Angst, auf den kalten, harten Boden aufzuschlagen. Du musst definitiv verrückt sein, um verrückte Sachen zu machen.

DU FÜHRST KEIN UNTERNEHMEN, DU FÜHRST EINEN FELDZUG

Die Menschen wollen etwas, woran sie glauben können, etwas, auf das sie sich stützen können, und die Chance, Teil einer Veränderung, einer Revolution zu sein. Gib ihnen diese Chance! Sie wollen etwas über deine Mission erfahren. Sie haben genug davon, immer nur etwas über Produkte zu hören. Regelmäßig sterben Unternehmen und Marken, aber der Geist einer jeden Revolution, die die Sache wert ist, überdauert für immer. Es ist genau dieser revolutionäre Geist, den ein ehrgeiziges Unternehmen aufgreifen muss.

Menschen sind stammesorientiert, sie wollen irgendwo dazugehören. Gib ihnen etwas, woran sie glauben können, und du löst vielleicht eine Revolution aus. Nimm sie mit auf deinen Feldzug. Wichtig ist, dass du eine machtvolle und überzeugende Mission hast. Einen Grund, dass die Leute an dich glauben. Ansonsten ist es ihnen scheißegal. Sie haben dann ganz einfach etwas Besseres zu tun.

Einen Feldzug zu führen erzeugt einen Kontext von übergeordneter Sinnhaftigkeit und Bedeutung und dein Unternehmen ist fest darin verankert. Außerdem schafft, etabliert und fördert es eine Kategorie, die viel mächtiger, zweckmäßiger und überzeugender ist als die reine Verkaufsförderung eines Produkts. Du brauchst eine Mission und musst eine neue Kategorie schaffen, und dann schnall dich an und zünde die Rakete.

Bei BrewDog sind wir mittlerweile ein einigermaßen großer Fisch in einem ziemlich kleinen Teich, was den noch sehr jungen europäischen Craft-Beer-Markt angeht. Der Trick besteht darin, nicht den Fisch, sondern den Teich zu vergrößern. Das gibt dem Fisch Bewegungsfreiheit und den notwendigen Raum, um sein wahres Potenzial zu entfalten.

Eine ergänzende Methode, den Feldzug zu führen, besteht darin, ein paar Bücher rauszuholen, dein Thema gründlich zu erarbeiten und das anderen mitzuteilen. Verkauf kein Produkt, sondern Informationen. Zuerst und vor allem übertriffst du die Konkurrenz in Sachen Wissen, dann mit den Verkaufszahlen. Je besser der Kunde informiert ist, umso anspruchsvoller kauft er ein. Löffelweise verfütterte Informationen, eine Zwangsfütterung mit Begeisterung, und bald ist deine fette Gans bereit, all deine großartigen Produkte und Dienstleistungen zu verschlingen. Und es bindet sie untrennbar an dein Anliegen. Informationen machen süchtig, Wissen ist Macht. Schon nach kurzer Zeit kommen sie wieder. Vorausgesetzt, der Kern deines Angebots ist Spitzenklasse.

Konkurriere nicht über den Preis oder über die Werbung, sondern über Bildung, Information und Leidenschaft. Je besser informiert und kenntnisreicher der Kunde, umso eher kann er kompetente Entscheidungen treffen. Außerdem wissen es die Leute wirklich zu schätzen, wenn ein Unternehmen sich die Zeit nimmt, ihnen bedeutsames Wissen zu vermitteln, das sie letztlich klüger und besser macht. Das Zeitalter, in dem alles möglichst simpel gehalten wurde und man versuchte, unwissende Kunden übers Ohr zu hauen, ist längst vergangen.

LÖFFELWEISE VERFÜTTERTE INFORMATIONEN, EINE ZWANGSFÜTTERUNG MIT BEGEISTERUNG.

Du musst diese Schlappschwänze durch Wissensvermittlung, Reichweite und letztlich auch durch Verkaufszahlen übertreffen. Dies sind einige Methoden, wie wir unsere Bierkenntnisse mit anderen teilen:

- Wir bieten Spezialisten-Bierkurse und Verkostungen in all unseren Bars rund um die Welt an.
- Wir stellen unsere Bierrezepte online. Für all unsere Biere.
- Wir machen #TweetTheBrewer-Sessions, bei denen die Leute uns alle möglichen Fragen zu unseren Bieren oder zum Brauen stellen können.
- Wir bloggen fortlaufend über die Kunst und die Wissenschaft des Craft-Beer-Brauvorgangs.
- Wir posten Videos, die zeigen, wie unsere Biere hergestellt werden.
- Wir erstellen Infografiken zum Brauvorgang und zeichnen sie auf unsere Wände.
- Wir verkaufen ein Punk-IPA-Brauset, mit dem die Leute sich zu Hause mit dem Brauvorgang beschäftigen können.
- Wir haben besser ausgebildete Cicerones (qualifizierte Bier-Sommeliers) als jedes andere Unternehmen in Europa.
- Wir verbreiten die frohe Bierbotschaft in unserer eigenen Fernsehsendung *BrewDogs*, die auch detailliert über den Brauvorgang informiert.

Wir sind auf einem Feldzug zur Veränderung der Bierwelt. Und wir möchten, dass unsere Kunden sie mit uns verändern. Bei einem Feldzug ist es hilfreich, etwas zu haben, wogegen man zu Felde zieht, und wir haben eine leidenschaftliche Abneigung gegen industrielle Biere. Wir haben den Eindruck, dass im Laufe der letzten 50 Jahre globale Großkonzerne die eigentliche Essenz des Biers zerstört haben, indem sie es so heftig gepanscht, standardisiert und homogenisiert haben, dass nun 90 Prozent des weltweit verkauften Biers derselbe minderwertige Einheitsscheiß ist. Aber jetzt dreht sich der Wind und wir sind entschlossen, ihn noch ein bisschen anzufachen.

Unsere Mission ist es, Geschmack, Aroma und Handwerkskunst wieder in die Biergläser der Menschen zurückzubringen und ihnen die Augen zu öff-

CHOOSE TO BLOW
UP YOUR CHEAP
ASSES.
xxxx BrewDog
WE LOVE HOPS

nen für eine Welt des Wohlgeschmacks und der stilistischen Vielfalt, von deren Existenz sie bisher nichts geahnt haben. Wir hassen schlechtes Bier so sehr, dass wir einen permanenten Krieg dagegen führen und so viel wie nur möglich davon zerstören wollen. Und wir mögen es, diese schadenfrohe Zerstörung zu filmen. Unsere Standardbier-Zerstörungsvideos wurden millionenfach auf aller Welt angesehen.

Bisher haben wir massenmarkttaugliche Biere folgendermaßen zerstört:

- Zertrümmern von industriell hergestellten Bierflaschen mit Golfschlägern.
- Erschießen von Dosen mit fadem Lagerbier mit abgesägten Schrotflinten.
- Baseball spielen mit Standardbierflaschen.
- Sprengen von nichtssagendem Bier mithilfe großer Feuerwerkskörper.
- Bowling mit Durchschnittsbierflaschen als Kegel.
- Sprengen von Panschbierfässern mit TNT.

Wir haben sogar Industriebier-Amnestien durchgeführt, bei denen die Leute das Industriebier zugunsten von Craft Beer aufgeben können. Hinter dem Spaß steht eine ernste Botschaft, und diese Botschaft ist unsere Mission. Die Zerstörung von Fließbandbier dient als Schlachtruf für unsere Sache und erleichtert es den Leuten, sich unserem Feldzug zur Revolutionierung der Bierwelt anzuschließen.

Egal in welchem Geschäft und in welcher Branche du unterwegs bist, sorg dafür, dass du mehr Wissen vermittelst als die Konkurrenz und den Schwerpunkt auf deine Mission legst statt auf deine Produkte. Du solltest dich vor allem darauf konzentrieren, die Konsumenten über deine Produktkategorie aufzuklären und sie in die Lage zu versetzen, die bestmögliche Entscheidung zu treffen. Sie werden es dir durch ihre Loyalität und ihre Kaufgewohnheiten danken.

MACH DAS NEGATIVE POSITIV

Sei clever, wendig und flexibel. Erkenne und schaffe Gelegenheiten. Werde zum lebenslänglichen, voll bezahlten Mitglied des Opportunistenklubs. Ergreife Chancen, nutze sie, quetsche sie aus. Und sorg dafür, dass alles, was du tust, egal wie kontrovers oder reaktionär es ist, mit deiner Mission in Einklang steht. Opportunistisch zu sein ist eine großartige Methode, sich Aufmerksamkeit zu sichern, in den Schlagzeilen zu landen und deine Mission, deine Marke und deine Markenwerte voranzubringen und zu etablieren. Außerdem ist es eine prima Möglichkeit, etwas potenziell Negatives in etwas absolut Positives zu verwandeln.

ERKENNE UND SCHAFFE GELEGENHEITEN.

Nimm aktiv an Debatten und Diskussionen teil und lass dir keine Chance entgehen. Jetzt kommt ein Beispiel für den erstklassigen BrewDog-Opportunismus:

BEWEISMATERIAL: DER CHINESISCHE BREWDOG-FAKE

Ende 2013 erhielten wir den Hinweis auf eine »neue BrewDog-Bar« in China. Das kam uns natürlich ziemlich schräg vor, wenn man bedenkt, dass wir gar keine Bar in China haben, und als wir nähere Erkundigungen einzogen, schien es, als hätten wir es echt geschafft, denn jemand hatte tatsächlich eine gefakte BrewDog-Bar eröffnet! Unsere anfängliche Reaktion war amüsiert, irgendwie glücklich, ein bisschen geschmeichelt, aber gleichzeitig auch erschrocken. Dem Herrscher dieses schönen neuen Etablissements schrieben wir den folgenden offenen Brief, den wir online posteten:

Lieber Geschäftsführer/Eigentümer/Herrscher der gefakten BrewDog-Bar in China,

vielen Dank. Es kommt nicht jeden Tag vor, dass jemand dir das Kompliment macht, zu imitieren, was du tust. Ich meine, wir waren zugegebenermaßen überrascht, als wir ein Bild von der Bar gesehen haben, die du in unserem Stil in Changzhou eröffnet hast, und vielleicht auch ein bisschen erschrocken. Aber in erster Linie waren wir echt stolz. Es gibt einem das Gefühl, es geschafft zu haben, wenn irgendwo im größten Land der Welt eine seltsame Kopie der eigenen Craft-Beer-Marke durch nachgemachte Zapfhähne fließt.

Ich weiß, die meisten Organisationen würden dich verklagen, verurteilen und vielleicht sogar anzeigen wegen der Fälschung ihres Logos und ihres Barkonzepts – aber uns so zu verhalten wie die Leute, die uns normalerweise dafür hassen, dass wir in dieser Branche alles auf den Kopf stellen, wäre irgendwie schlechter Stil. BrewDog existiert, um allen dieselbe Leidenschaft für Bier zu vermitteln, die wir selbst empfinden, und ehrlich gesagt zeigt uns deine Entscheidung, eine gefakte BrewDog-Bar in Changzhou zu eröffnen – und nicht ein gefaktes McDonald's, Starbucks oder Nike Town –, dass wir auf dem richtigen Weg sind.

Die Tatsache, dass in China nicht mehr nur die globalen Supermarken kopiert werden, sondern auch kleine Craft-Beer-Hersteller, beweist mir, dass nicht nur eine leichte Veränderung der weltweiten Einstellung zum Essen und Trinken stattgefunden hat, sondern eine tektonische Verschiebung. Ja, deine seltsame kleine Bar existiert am Rande der Legalität, der Rechtmäßigkeit und des Geschmacks, aber wo gehobelt wird, fallen Späne – und das wissen wir selbst nur zu gut.

Also – danke, Herrscher. Und viel Glück mit deiner Fake-Bar. Ich komme bald mal zu Besuch – ich freue mich schon darauf, das Six Saint und das Funk IPA zu probieren. Noch immer hege ich die leise Hoffnung, dass diese Imitation nur ein Zündfunke der Fantasie für dich ist. Wenn du beim nächsten Mal nicht nur eine selbst gebastelte BrewDog-Bar mit einem merkwürdigen roten Logo zusammenzimmerst, sondern einen Schritt weiter gehst und es mal mit deinem eigenen Craft Beer probierst, bist du wirklich auf dem richtigen Weg. Es wird dir mehr bedeuten und aus diesem Grund wirst du auch besser sein. Du wirst dem Unternehmen mehr geben, deinen Kunden besser zuhören und eine Unmenge Fehler machen, ehe du auch nur gefrühstückt hast, aber, lieber Herrscher und Fake-Schwindler, du wirst Spaß haben. Es geht nicht ums Geld, sondern ums Bier. Und vielleicht schickt dir dann eines Tages jemand ein im Internet gefundenes pixeliges Foto einer winzigen Bar irgendwo am anderen Ende der Welt, an dessen Eingangstür eine leicht abgewandelte Variante deines Logos klebt, und du wirst dich genauso fühlen wie wir. Als wäre nichts mehr so, wie es mal war.

Bye-bye
(Der echte) James

Was die meisten Unternehmen als PR-Katastrophe betrachten würden, sahen wir als Chance. Selbst in den größten Schwierigkeiten liegen immer auch Chancen. Unsere erfrischende und unerwartete Haltung in dieser Angelegenheit erwies sich als weltweite Titelstory für die Presse. Den Leuten gefiel unsere offene, ehrliche und unbeirrbare Einstellung zu der gefakten BrewDog-Bar, und das löste enorme Zustimmung aus und brachte viele neue BrewDog-Kunden und -Fans mit sich.

Inzwischen haben wir massenhaft BrewDog-Bars auf der ganzen Welt, aber die gefakte in China ist mir irgendwie die liebste …

VOM VERWACKELTEN VIDEO ZUR HOLLYWOODREIFE

Wir waren immer schon gläubige Anhänger des Bloggens. Bei BrewDog haben wir von Anfang an mit religiösem Eifer gebloggt und tun das immer noch. Bloggen ist dein wichtigstes Marketingwerkzeug, und das Schöne daran ist, dass es nichts kostet. In diesem Bereich des direkten Kontakts mit dem Konsumenten sind Authentizität und Integrität die Währung und Engagement der Schlüssel. Das Bloggen ist deine große Chance, dich in strahlendem Licht zu präsentieren.

Es gibt über 1000 Blogposts auf der BrewDog-Seite, und es werden immer mehr. Wir bloggen über Bier, über die Zutaten von Bier, über den Brauvorgang, über unser Team, über fassgereifte Biere und alle möglichen anderen sehr bierorientierten Dinge. Das ist ein Nischenthema und ein bisschen nerdig, aber egal, wir würden es nicht anders haben wollen. Zu Anfang hatten unsere Blogbeiträge nur eine Handvoll Leser. Heute konsumieren über 500 000 Hardcore-Fans pro Monat unseren digitalen Output. Wir wussten, dass das kein Ponyhof sein würde, und wir haben hart geackert, um die Zeit zum Posten von großartigem Online-Content freizuschaufeln. Und wir wussten, dass wir kontinuierlich fantastische Beiträge schreiben mussten, um eine loyale Gefolgschaft aufzubauen. Genau das haben wir getan, wir tun es immer noch und es zahlt sich aus.

Wir waren auch frühe Anhänger des Videobloggens. Unser erstes Dutzend Spielberg-Filmchen war kurz und selbst bearbeitet. Wir konnten uns damals einfach keine externe Unterstützung leisten. Gedreht wurde auf dem 70-Kilo-Abkömmling einer Panavision-Kamera, und der Verfasser dieser Zeilen machte sich zum Filmbearbeitungsaffen. Ich musste die grundlegenden Schnittkenntnisse erlernen, denn wir hatten kein Geld, um einen Cutter zu bezahlen. Von Anfang an hatten wir eine bestimmte Grundhaltung und boten auf anarchistische Weise einen kunterbunten Informationsmix.

Einer unser beliebtesten Blogbeiträge ist »Sunk Punk«. In diesem Video haben wir die Kunst und Wissenschaft des Brauens auf die Spitze getrieben, oder vielleicht sollte ich lieber sagen: in die Tiefe versenkt. 2010 schrieben wir Geschichte mit dem ersten jemals auf dem Meeresgrund gebrauten Bier. Wir wollten das Brauen an seine äußersten Grenzen treiben. Das Bier sollte nicht nur für Staunen sorgen, sondern auch das Ansehen von Bier in Großbritannien steigern.

Wir filmen gerne die kreative Zerstörung von industriell hergestellten Bieren. Und es gab durchaus auch Aspekte der digitalen Bildung. Unsere Online-Videoserie »Instant Beer Expert« gibt den Betrachtern einen schnellen Überblick über interessante Fakten und Wissenswertes rund ums Bier.

All unsere Videos und Blogbeiträge haben ein gemeinsames Thema: die Leidenschaft für tolles Bier. Alle sind gekennzeichnet durch unsere typische humorvolle, respektlose und schrullige BrewDog-Persönlichkeit. Und den Leuten scheinen sie zu gefallen. Einige hatten über eine Million Aufrufe. Die Videos sind grenzüberschreitend und finden Anklang bei Menschen in aller Welt. Das Wunderbare an Blogs und Videoblogs ist, dass sie augenblicklich weltweit geteilt werden können. Wenn du etwas Großartiges tust, können die Leute dir dabei zusehen und es rund um den Globus weitererzählen. Sofort.

GESCHENKT!

Manchmal können erstaunliche Dinge geschehen, wenn du brillante Inhalte kostenlos online stellst. Wir konnten unsere bemerkenswerte Reise nach Hollywood nur machen und über 30 Folgen der *BrewDogs*-Serie drehen – über zwei beste Freunde (Martin und mich), die mit den besten Brauereien Amerikas auf total verrückte Art herausragende Biere produzieren –, weil wir auf unserer Website kostenlosen Video-Content zur Verfügung stellten.

Wir wussten natürlich, dass unsere selbst gemachten Videoblogs von Menschen auf aller Welt angesehen wurden. Was wir nicht wussten, war, dass sogar die ganz großen TV-Mogule in Hollywood sie guckten. Nachdem wir einen Abstecher nach Kalifornien gemacht hatten, um eine Pilotfolge zu drehen, und nach einer intensiven Diskussion über die Frage, ob der schottische Akzent für das amerikanische Publikum untertitelt werden muss, erhielten Martin und ich schließlich unsere eigene erfolgreiche Fernsehsendung *BrewDogs*.

Es gibt aber noch zahlreiche andere Beispiele dafür, wie kostenlose Online-Inhalte großartige Chancen eröffnet haben.

Johanna Basford ist eine unglaublich begabte junge schottische Künstlerin und Illustratorin, mit der BrewDog bei einigen umwerfenden handgezeichneten Bieretiketten zusammengearbeitet hat. Sie stellte regelmäßig ihre Arbeit kostenlos in Form einer monatlichen Schwarz-Weiß-Illustration zum Download zur Verfügung. Man konnte sie als Desktop-Hintergrund verwenden, ausdrucken und einrahmen oder sogar ausdrucken und mit Farbstiften ausmalen. Diese Downloads wurden im Internet geteilt und die Fans von Johannas Arbeiten liebten sie. Der Hype, der um sie entstand, erweckte schließlich die Aufmerksamkeit eines der größten Kunstbuchverlage Europas. Johanna sicherte sich einen Buchvertrag, und ihre ersten beiden Bücher wurden weltweite Verkaufsknüller. *Mein Zauberwald* und *Mein verzauberter Garten* verkauften sich über fünf Millionen Mal und verschafften ihr einen Vertrag über vier weitere Bücher.

Wir teilen alles innerhalb unserer Community. Wir posten nicht nur die exakten Rezepturen unserer Biere, sondern verkaufen auch Brausets, sodass unsere Kunden unsere Biere zu Hause selbst brauen können. Wir teilen unsere Zukunftspläne, unsere Hoffnungen und Träume, unsere Erfolge und Niederlagen; wir verbreiten lieber zu viele Informationen als zu wenige. Die Zukunft unseres Geschäfts besteht im Teilen, und es können großartige Dinge geschehen, wenn du gerade eben den richtigen Grad an Kontrolle abgibst. Denk dran, es ist sowieso nicht deine eigene Marke – sie gehört rechtmäßig dem Volk.

MANCHMAL KÖNNEN ERSTAUNLICHE DINGE GESCHEHEN, WENN DU BRILLANTE INHALTE KOSTENLOS ONLINE STELLST.

BEWEISMATERIAL: FERNSEHEN FÜR PUNKS

BrewDogs, die Fernsehsendung, die sich aus unseren schlecht aufgelösten Do-it-yourself-Videoblogs entwickelte, ist zu einem internationalen Hit geworden – sie läuft jetzt in über 30 Ländern weltweit, und bald beginnen wir mit den Dreharbeiten zur vierten Staffel, was sie zur langlebigsten Bier-Fernsehserie macht, die es je gab. Die Serie hat Kultstatus, wo immer sie ausgestrahlt wird, und vor allem gibt sie uns eine Plattform, um die Aufmerksamkeit auf Craft Beer zu lenken, die Leute darüber zu informieren, wie Bier gebraut wird, und sie für tolles Bier im Allgemeinen und für BrewDog-Bier im Besonderen zu begeistern. Und all diese wunderbare weltweite Publicity kostet uns keinen Cent. Das ist wirklich Marketing der Spitzenklasse.

Jede Folge der Serie zeigt Martin und mich, wie wir in einer anderen Stadt auftauchen und uns dort mit einem führenden Craft-Beer-Hersteller zusammentun. Und dann brauen wir Bier auf eine bisher nie erlebte Art und Weise, sei es in einem Zug nach San Diego oder unterstützt durch Musik in Nashville. Wir versuchen auch, so viele Craft-Beer-Neulinge wie möglich zum Glauben zu bekehren, indem wir guerillaartige Craft-Beer-Degustationen an unerwarteten Stellen vornehmen, von Altersheimen bis zu Friseursalons, von U-Booten bis zu Schuhgeschäften. Wir geben auch gerne schräge und ungewöhnliche Zutaten in unsere Biere, und wir gehen auf alle möglichen verrückten Abenteuer und riskieren Kopf und Kragen, um die abgefahrensten Ingredienzen für das von uns gebraute Bier zu finden. Jede Folge hat auch einen informativen Teil. Es gibt die »Bierschule«, in der Teile des Brauvorgangs vermittelt werden und wir in Zusammenarbeit mit Spitzenköchen über die Eigenschaften von Bier und Speisen sprechen, um den Leuten einen Einblick in die Welt des Zusammenspiels von Bier und Essen zu geben. All das wird kombiniert mit unserer typischen Mischung aus Anarchie, Respektlosigkeit, Leidenschaft und Spleenigkeit.

In jeder Folge findet auch ein ziemlich schräger Brauvorgang statt, denn wir versuchen, Bier auf völlig neue Art und Weise zu brauen. In Delaware haben wir ein Bier bei über 160 Stundenkilometern auf der Ladefläche eines Pickups gebraut, während wir eine Autorennstrecke entlangfuhren; in Michigan haben wir ein Bier sieben Meter unter der Oberfläche eines zugefrorenen Sees gebraut; in Whistler schafften wir es, ein Bier zu brauen, während wir mit einer Seilrutsche, einem Schneemobil und Skiern einen Berg hinabsausten. Das teuerste Bier der Welt machten wir in Las Vegas als Tribut an alles, was an dieser neonbeleuchteten Metropole Sin City gut, schlecht und übertrieben pompös ist. In Maui brauten wir ein Bier mithilfe heißer Steine von einem Vulkan, die über 2000 Grad Celsius hatten, und in Alaska erzeugten wir Bier, während wir auf einer gottverlassenen Insel festsaßen, verwendeten die Teile eines abgestürzten Flugzeugs als Brauanlage und nutzen das als Zutaten, was uns in die Hände fiel. In Baja brauten wir sogar ein Bier im Baja-1000-Stil, während wir mit 200 PS und über 100 Stundenkilometern über den Wüstensand holperten und hüpften.

Als wir damit anfingen, unsere eigenen Videoblogs zu drehen, zu schneiden und zu posten, wollten wir nur ein bisschen Spaß haben und möglichst vielen Menschen die Leidenschaft vermitteln, die wir für gutes Craft Beer empfanden. Wir konnten nicht ahnen, dass wir ein paar Monate später unsere eigene internationale Fernsehsendung haben würden. Bei den abschließenden Vertragsverhandlungen für die TV-Serie war eine der Bedingungen, auf die wir bestanden und für die wir uns mit aller Macht einsetzten, dass sie *BrewDogs* heißen würde. Wir wollten sicherstellen, dass der ganze Hype und die Publicity unmittelbar auf BrewDog zurückfielen und uns wirklich helfen würden, unsere Marke weiter aufzubauen. Wir wollten, dass sich die Fernsehsendung und die Brauerei gegenseitig stärkten, ergänzten und legitimierten. Die Auswirkungen auf unser Geschäft waren gewaltig, und wir sorgen dafür, dass alles, was wir in der Serie machen, in unsere übergreifende Mission eingebunden ist: unsere Leidenschaft zu teilen und dabei so viel Spaß wie nur möglich zu haben.*

* *Wenn man im Fernsehen ist, bedeutet das auch, dass die Leute ziemlich komische Sachen zu einem sagen. Als ich vor ein paar Wochen in Michigan war, sagte mir jemand, ich wäre ja in Wirklichkeit gar nicht so dick wie im Fernsehen, und jemand anderes erklärte mir, ich hätte einen ungewöhnlichen, aber symmetrisch geformten Kopf. Ich habe beides als Kompliment genommen.*

ALS WIR DAMIT ANFINGEN,
UNSERE EIGENEN VIDEOBLOGS
ZU DREHEN, ZU SCHNEIDEN
UND ZU POSTEN, WOLLTEN
WIR NUR EIN BISSCHEN
SPASS HABEN UND MÖGLICHST
VIELEN MENSCHEN DIE
LEIDENSCHAFT VERMITTELN,
DIE WIR FÜR GUTES
CRAFT BEER EMPFANDEN.

SEI NICHT COOL, SEI EINFACH DU SELBST

»Lieber tot sein als cool.«

Kurt Cobain (Rockstar-Punk)

Sei anders. Sei wahrhaftig. Sei respektlos. Sei selbstsüchtig. Sei rücksichtslos. Aber was immer du auch sein willst, sei bloß nicht cool.

Cool ist subjektiv. Cool ist bestenfalls eine Folgeerscheinung. Cool bedeutet für jeden etwas anderes. Deine Mission auf Coolness aufzubauen ist ein Kamikaze-Flug mitten in den Pazifik. Es ist eine Rennstrecke ins Nichts. Was der eine cool findet, bringt den anderen zum Kotzen. Auf andere cool wirken zu wollen ist einer der dümmsten Fehler, den man machen kann.

Mach etwas, das bei dir und deinem Team Anklang findet und das Potenzial besitzt, auch bei deinen Kunden Anklang zu finden. Halt daran fest und bleib deiner Vision treu. Und scher dich nicht darum, was die anderen Leute denken.

Vergiss das mit der Zielgruppe. Zum Teufel mit diesem antiquierten, aufgeblasenen Ausdruck, der Menschen reduziert und ein Klischee vermittelt. Nur Leute, die in einem Marketinglehrgang mit Quatsch vollgepumpt wurden, haben irgendein Interesse an diesem fadenscheinigen Begriff. Eine Zielgruppe zu haben und sie explizit zu umwerben ist eine todsichere Methode, den Großteil der intelligenten Bevölkerung zu bevormunden und zu verprellen. Wie auch immer, die Leute wollen immer irgendetwas sein, das sie nicht sind. Junge Menschen wollen alt sein, alte wollen jünger sein, traurige Menschen wollen glücklicher sein und glückliche Menschen wollen emotional stärker herausgefordert werden. Also warum Zeit damit verschwenden, den Anforderungen eines erfundenen Klischees zu entsprechen, wenn du genauso gut einfach authentisch sein kannst?

Verlass dich nicht auf andere, um deine Vision zu verwirklichen. Agenturen und externe Kreative leben und atmen deine Marke nicht. Du schon! Du lebst damit, Tag für Tag. Du kennst sie, dir bedeutet sie etwas und du wünschst dir ihren Erfolg mehr als alle anderen. Du kennst deine Kunden besser als sie sich selbst. Und du empfindest todsicher mehr Begeisterung dafür als sie. Werbefuzzis haben deine Marke nicht verinnerlicht – du schon.

Die DNA deiner Marke ist dir auf die Seele tätowiert. Diese seelenlosen Krämer haben da bloß Dollarzeichen.

Erfolg oder Scheitern, es liegt an dir. Meistere dein eigenes Schicksal. Nur versuch nicht, cool zu sein.

WARUM ZEIT DAMIT VERSCHWENDEN, DEN ANFORDERUNGEN EINES ERFUNDENEN KLISCHEES ZU ENTSPRECHEN, WENN DU GENAUSO GUT EINFACH AUTHENTISCH SEIN KANNST?

D

Verkaufen für postmoderne apokalyptische Punks

TEIL D: VERKAUFEN FÜR POSTMODERNE APOKALYPTISCHE PUNKS

Es gibt nur drei ganz einfache Dinge, die du über das Verkaufen wissen musst.

1 KONZENTRIER DICH AUF DAS PRODUKT

Du musst ein Produkt (oder eine Dienstleistung) schaffen, das so überzeugend und brillant ist, dass deine Kunden und potenziellen Kunden aktiv danach suchen. Du solltest es nicht pushen, sondern Nachfrage erzeugen. Pushen ist tot. Erzeuge einen echten Nachfragesog.

2 SEI OFFEN UND EHRLICH

Bau deine Kundenbasis auf Vertrauen auf. Erzeuge eine Community zum gegenseitigen Vorteil und gib ihr das Gefühl dazuzugehören. Gemeinsam zu profitieren ist ein wesentlich überzeugenderes Angebot, als alleine zu profitieren.

3 KONKURRIERE NICHT ÜBER DEN PREIS

Die Konkurrenz zu unterbieten ist der schnellste Weg, um vom Markt zu verschwinden. Damit schneidest du deinem eigenen Geschäft die Kehle durch. Bleib standhaft, was den Preis angeht, und lass die Finger von zwielichtigen Gaunern.

Damit endet der kürzeste Teil dieses Buchs. Mach dir nicht zu viele Gedanken über den Verkauf. Verkaufen ist nur ein Nebenprodukt von Exzellenz in anderen Bereichen.

E

Bau dein Piratenteam auf

TEIL E: BAU DEIN PIRATEN-TEAM AUF

Meine Vorgehensweise beim Aufbauen und Führen eines Teams wurde auf dem erbarmungslosen Nordatlantik geprägt und darüber hinaus in einem der am schnellsten wachsenden Unternehmen Europas erprobt und bestätigt. Also hör gut zu und schreib mit. Es gibt keine zweite Chance. Jeder Kapitän, der was auf sich hält, geht gemeinsam mit seinem Schiff unter.

Die vermutlich größte Herausforderung, der du auf dem Business-Schiff gegenüberstehst, ist die Mannschaft. Jedes Unternehmen ist nur so gut wie die Menschen, die darin arbeiten. Punkt. Du musst eine Schar absolut umwerfender Mitarbeiter finden, rekrutieren, einstellen, ausbilden, weiterbringen, motivieren und halten. Das ist ein großes Programm und eine noch größere Aufgabe. Sie müssen auf deiner Seite stehen, sich für deine Mission begeistern und bereit sein, auf hoher See hart zu arbeiten, solange es eben dauert, durch alle Stürme hindurch. Das ist ein hartes Geschäft. Aber wie an allen Aufgaben wirst du auch an dieser wachsen und sie bewältigen. Und am Ende ist das für dich und dein junges Team einfach wieder eine großartige Gelegenheit zu glänzen.

Ein Team aufzubauen, das sich in deine Kultur einfügt, ist kein Spaziergang. Es wird dir ordentlich zu schaffen machen und dich nachts wach halten. Aber (und das ist ein großes, bedeutsames Aber) wenn du es schaffst, ist es definitiv an der Zeit, die Pläne für die Eroberung Weltherrschaft herauszukramen.

Wie bei den meisten Angelegenheiten in deinem Unternehmen des 21. Jahrhunderts kannst du auch in puncto Mitarbeiter die alten Regeln in die Tonne kloppen. Denn die Mitarbeiter (jedenfalls die guten) wollen sich nicht mehr ständig wegducken und bis zur Rente im selben Job arbeiten, den sie 50 Jahre zuvor angefangen haben. Eine lebenslange Anstellung ist was für lebende Tote. Du könntest genauso gut ein Zombie sein. Die besten Mitarbeiter heutzutage streben nach Engagement, Autonomie, Entwicklung, Herausforderungen und Gegenleistungen. Und weißt du was? Wenn du ihnen das nicht gibst, dann findet sich todsicher ein anderer.

Wenn du es nicht schaffst, dass deine Mitarbeiter sich in dein Unternehmen verlieben, dann hast du nicht die geringste Chance, dass die Kunden es auch nur ansatzweise mögen. Personal an erster Stelle, Kunden an zweiter – das mag ein bisschen nach Verwechslung klingen, aber glaub mir, das ist der einzige Weg, um Langfristigkeit zu schaffen.

Mitarbeiter wollen genau wie Kunden dazugehören. Sie wollen an etwas glauben und Teil von etwas sein, das größer ist als sie selbst. Du musst sie davon überzeugen, dass dein Feldzug genau dies ist und sie sich dir voller Leidenschaft und Entschlossenheit anschließen sollten.

Wenn du dich daranmachst, die Welt zu verändern, wirst du höchstwahrscheinlich ein bisschen Hilfe brauchen. Es sei denn natürlich, du bist ein gewählter Präsident, Darth Vader oder ein opernversessener großer weißer Hai, der sprechen und Schach spielen kann.

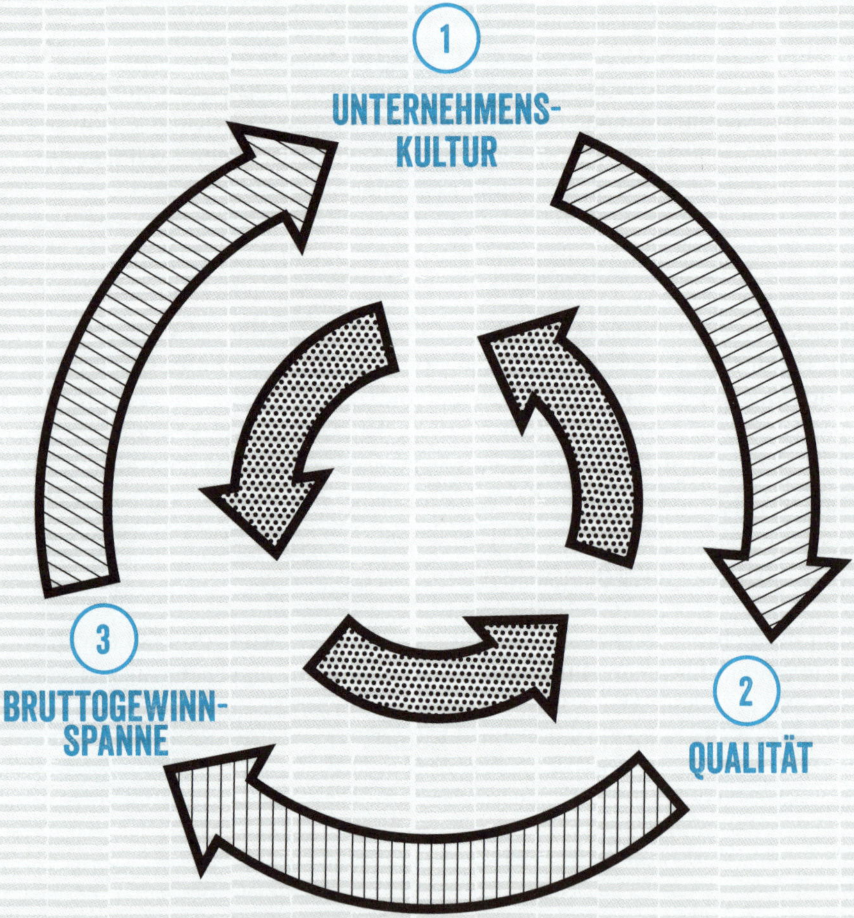
1
UNTERNEHMENS-
KULTUR
2
QUALITÄT
3
BRUTTOGEWINN-
SPANNE

DIE DREI SÄULEN DES BUSINESS-PUNK

Ein Punk-Business des 21. Jahrhunderts, das antritt, die Welt ein bisschen aufzumischen, muss auf einer stabilen Grundlage aufgebaut sein. Während du es aufbaust, musst du dafür sorgen, dass dein Zement drei grundlegende Ingredienzen hat. Jedes großartige Unternehmen heutzutage beruht auf diesen einfachen, aber beständigen und alles umschließenden Säulen. Die drei Säulen lauten:

1/ Unternehmenskultur

2/ Qualität deines Kernangebots

3/ Bruttogewinnspanne

Sofern nicht alle drei Säulen grundsolide sind, bist du nichts anderes als ein geschäftiger Idiot, der seine eigene Zeit und die aller anderen verschwendet, während sein Vorhaben in die Bedeutungslosigkeit abdriftet. Als Kapitän muss dein Hauptfokus darauf liegen, dass all diese Elemente berücksichtigt werden.

Das Entscheidendste an diesen drei Säulen ist, dass die Existenz jeder einzelnen ausschließlich von den beiden anderen abhängt. Ohne die außergewöhnliche Qualität deines Kernprodukts oder deiner Dienstleistung kannst du keinen anständigen Preis dafür verlangen. Kein anständiger Preis bedeutet eine magere Bruttogewinnspanne. Eine magere Gewinnspanne hat zur Folge, dass du nicht in dein Personal investieren kannst, um eine hervorragende Unternehmenskultur zu etablieren. Ich bin sicher, du hast die Idee dahinter begriffen. Es ist ein kurzer Zyklus, aber er ist ungeheuer gnadenlos.

Ohne ein tolles Team und eine starke Unternehmenskultur verfügst du nicht über die Qualität motivierter, leidenschaftlicher Menschen, die notwendig ist, um ein tolles Produkt oder eine fantastische Dienstleistung auf jenem bemerkenswerten Niveau zu bieten, das notwendig ist, um deine Preisforderung zu rechtfertigen. Keine Kohle bedeutet kein Dream-Team. Also setz den Schutzhelm auf, tritt zur Seite und halt dir die Ohren zu, während das gesamte Gefüge deiner Unternehmenskultur in die Luft fliegt. Wenn du erst mal diesen Weg eingeschlagen hast, ist es sehr schwierig, den Rückwärtsgang zu finden.

Ohne eine solide, nachhaltige, rechtmäßige, vertretbare und ausgeprägte Bruttogewinnspanne hast du einfach nicht das nötige Kapital, um dein Unternehmen langfristig zu vergrößern, also in eine tolle Ausstattung und tolle Leute zu investieren. Dann fängt das ganze Geflecht deiner Träume an zu bröckeln. Und zwar mit Warp-Geschwindigkeit. Zeit, einen weiteren gebrochenen Humanoiden von der Erdoberfläche wegzubeamen. Phaser auf Vernichten.

Lass sie nicht aus den Augen, kümmere dich um sie; sie sind deine Babys, deine Hundewelpen, dein ganzer Stolz, deine Freude und der Lebensquell deines Geschäfts. In schwierigen Zeiten ist man leicht versucht, die Standfestigkeit dieser Säulen zu vernachlässigen. Aber Vorsicht: Sobald du eine von ihnen auch nur ein bisschen wanken lässt, hast du das Todesurteil deines Unternehmens unterzeichnet. Gib deinen drei Säulen festen Stand, und du reist erster Klasse.

Wenn du diese bösen Jungs in den Griff bekommst, kannst du wirklich eine Menge reißen und aus allem als Gewinner hervorgehen. Schaffst du es jedoch nicht, die Stabilität der drei Säulen zu sichern, gehst du schon in der ersten Runde auf die Matte und fliegst aus dem Wettbewerb. Die Säulen sind miteinander verbunden und hängen voneinander ab. Siamesische Drillinge, an der Seele zusammengewachsen. Jede wirkt sich auf die anderen aus. Sobald du eine von ihnen vernachlässigst, fällt alles in sich zusammen wie ein Kartenhaus.

DIE UNTERNEHMENSKULTUR IST 33,3 PROZENT VON ALLEM

Unternehmenskultur ist ein stark überstrapazierter Begriff. Nur sehr wenige Menschen begreifen, was er tatsächlich bedeutet, und noch weniger erfassen seine wahre Macht oder verstehen, wie sie ihn zu maximaler Wirksamkeit führen. Deine Unternehmenskultur ist das Grundgewebe deiner Organisation, das alles lenkt und antreibt, was du tust. Eine deiner Hauptaufgaben als Führungskraft ist, das zu begreifen.

Eine Unternehmenskultur ist ein kollektives Glaubenssystem und ein gemeinsames Bewusstsein. Sie bestimmt, wie die Mitarbeiter denken, fühlen und handeln. Sie ist die DNA deiner Firma, ihr genetischer Code und ihr moralischer Kompass. Sie ist die innere Verkörperung deiner Marke und muss mit dem äußeren Bild deiner Marke übereinstimmen, um stimmig und authentisch zu sein.

Unternehmenskultur ist, was das Unternehmen tut, wenn es glaubt, dass keiner zusieht. Das Problem für eine Menge Unternehmen mit schwacher Unternehmenskultur ist, dass heutzutage immer irgendjemand zusieht.

Studien belegen, dass Mitarbeiter einer Organisation mit starker Unternehmenskultur mehr als doppelt so effektiv arbeiten wie Mitarbeiter einer Firma mit schwacher Kultur. Stell dir mal vor, wie viel du bewirken könntest, wenn die Leute in deinem Unternehmen doppelt so effektiv wären wie die des Wettbewerbs.

Deine Kultur ist nichts Gegebenes, sie muss verdient werden. Du kannst sie nicht herstellen, erfinden oder verdrehen. Sie ist Handeln, nicht Worte. Und dieses Handeln kann Bände sprechen. Es ist das Nebenprodukt stimmigen Verhaltens, und es muss echt sein, organisch von innen nach außen gewachsen und im Laufe der Zeit herausgebildet.

Künstliche Kulturen sind durchsichtig. Ihr Mangel an Substanz ist nur ungenügend verschleiert; es sind überkonstruierte Nebelwände aus heißer Luft.

Fadenscheinige Stellungnahmen, unechte Politik und falsche Versprechen, verpackt in oberpeinliche gekünstelte Akronyme. Eine echte Unternehmenskultur kann man weder erfinden noch erzwingen.

Effektive Kulturen brauchen Zeit. Sie bauen auf klaren Zielsetzungen, Beständigkeit, reiner Leidenschaft und wunderbaren Menschen auf. Du kannst anfangen, eine tolle Kultur aufzubauen, indem du dich um dein Team kümmerst und eine Umgebung schaffst, in der es sich weiterentwickeln kann. Und jedes Mal, wenn du vor einer Entscheidung stehst, musst du in Betracht ziehen, wie sich diese Entscheidung auf die Kultur auswirken könnte. Eine Kultur kannst du zwar nicht erzwingen, aber du kannst sie fördern. Sie ist gewachsen, ständig in Entwicklung und zerbrechlich. Es ist eine gewaltige Herausforderung, sie zu pflegen, während du gleichzeitig intensiv zum Wachstum drängst.

Die Kultur beginnt bei dir und deinen Mitgründern. Sie entsteht aus eurer Leidenschaft, eurer Energie und euren gemeinsamen Werten. Sie mag unterschwellig und unausgesprochen sein, aber sie ist immer da. Wie erfolgreich sie ist, steht in einem direkten Verhältnis zur gesunden Entwicklung eures Vorhabens.

Werte müssen in Taten umgesetzt werden. Du musst das leben und atmen, woran du voller Überzeugung glaubst. Das Entscheidende ist, wie die Dinge in deinem Unternehmen tatsächlich umgesetzt werden, nicht was du aufgeschrieben hast. Es ist eine sich selbst erfüllende Prophezeiung. Du bestimmst die Tonalität und erschaffst die Kultur von oben nach unten, und dann wird diese Kultur zur Realität.

Eine gute Unternehmenskultur ist der Klebstoff, der alles zusammenhält. Sie ist das Grundgeflecht deiner Organisation. Sie sollte alles bestimmen, was du tust. Sie zu pflegen und zu fördern ist entscheidend für deinen Erfolg. Deine Kultur muss in Markenechtheit wurzeln. Sie muss authentisch, ehrlich und echt sein.

DU BESTIMMST DIE TONALITÄT
UND ERSCHAFFST DIE KULTUR
VON OBEN NACH UNTEN,
UND DANN WIRD DIESE
KULTUR ZUR REALITÄT.

DIE BAUSTEINE DER EWIGKEIT

Von Anfang an eine starke Kultur aufzubauen ist entscheidend. Sie während des Wachstums aufrechtzuerhalten und zu verbessern ist der Schlüssel zum Schließfach der Kultur. Deine Unternehmenskultur besteht aus Unmengen von Einflüssen und einer Vielzahl von Teilen. Dies sind die fünf wichtigsten und am besten handhabbaren – eine Art Straßenatlas für die Herren der Kultur.

1/ Unmissverständliche Klarheit

Deine Mission ist intern sogar noch wichtiger als extern. Die deutlichste und authentischste externe Verkörperung einer Mission ist ein Spiegelbild der Seele deines Unternehmens. Zudem sind eine klare Zielsetzung und eine starke Vision der Klebstoff, der deine Mitarbeiter zusammenhält. Und je einiger ein Team ist, desto effektiver ist es. Wenn deine Mission einzigartig und überzeugend ist, erfüllt das deine Mitarbeiter mit Energie und Stärke, während sie auf einen gemeinsamen Zweck und ein kollektives Ziel hinarbeiten. Alles, was von außen gesehen auf dein Geschäft zutrifft, ist nach innen hin ebenso wichtig, wenn nicht sogar noch wichtiger.

Bei BrewDog ist unsere Mission absolut klar. Wir existieren, um andere Menschen genauso für gutes Craft Beer zu begeistern, wie wir es sind. Wir stellen Leute ein, die diese Leidenschaft teilen, und unsere Mission dient als moralisches Barometer für jede Entscheidung, die wir als Unternehmen treffen. Wir wollen den Menschen die Augen öffnen für ein Spektrum an Geschmacksrichtungen und stilistischer Vielfalt bei Bier, von dessen Existenz sie gar nichts geahnt haben, und wir wollen letztlich durch unser Craft Beer die Welt verbessern.

Die Leute wollen Teil von etwas Bedeutendem sein. Sie möchten an etwas teilhaben, auf das sie stolz sein können. Und das muss etwas Größeres sein als nur ein Unternehmen, es muss eine Mission sein. Sie müssen Relevanz und Wertschätzung erfahren, wenn sie dabei helfen, eine ganz neue Weltordnung zu errichten.

2/ Integrität ist die Währung

»Eine der wahrhaftigsten Prüfungen für die Integrität ist ihre entschiedene Weigerung, Kompromisse einzugehen.«

Chinua Abeche (Literatur-Punk)

Das kann ich nur unterschreiben. Chinua sagt da etwas sehr Wahres. Eine starke Unternehmenskultur hängt von der Integrität der Führungskräfte in allen Geschäftsbereichen ab. Du musst eine Umgebung der Aufrichtigkeit fördern, in der die Mitarbeiter der Führung vertrauen und die Vorgesetzten für die von ihnen geführten Menschen Verantwortung übernehmen. Denk daran: Vertrauen bekommt man nicht einfach, man muss es sich verdienen.

Wenn hartes Arbeiten zu deinem Kulturmix gehört (falls nicht, solltest du vielleicht nach einer alternativen Karriere Ausschau halten), wird es nur Anklang finden, sofern es von den Führungskräften der Organisation vorgelebt wird. Die Leute ahmen das Verhalten und die Überzeugungen ihrer Vorgesetzten nach, also sorg dafür, dass du und die Führungskräfte deines Unternehmens das Verhalten leben und atmen, das du verstärken willst.

Integrität hat auch massive Auswirkungen auf deine Produkte oder Dienstleistungen. Es ist ziemlich schwierig, eine dauerhafte Unternehmenskultur aufzubauen, solange du nicht etwas Großartiges aufbaust, herstellst, produzierst oder lieferst; etwas, worauf deine Mitarbeiter wirklich stolz sein können. Die Leute wollen stolz sein können auf das, was sie tun, und sie wollen sich abheben. Du musst dafür sorgen, dass die Beschaffenheit deiner Kernkompetenz ihnen die Möglichkeit dazu gibt.

Bei BrewDog engagieren wir uns dafür, das qualitativ hochwertigste Craft Beer der Welt zu machen. Das heißt, dass unser Team aus dem, was wir gemeinschaftlich tun, Inspiration und Stolz schöpfen kann. Dies schlägt sich unmittelbar als Pluspunkt für die Unternehmenskultur nieder. Wenn wir so wie 95 Prozent der Brauereien weltweit ein Bier für den kleinsten gemeinsamen Nenner machten, das voller Chemikalien und Ersatzstoffe ist, wäre unser Bemühen, die Mitarbeiter dafür zu begeistern, in etwa so, als würden wir Bierfässer einen Berg hinaufrollen. Und es wäre unmöglich, eine sinnvolle Unternehmenskultur aufzubauen. Game over.

3/ Mach mit bei der Revolution

Um Körper, Geist und Seele miteinzubinden, müssen die Menschen das Gefühl haben, Teil eines größeren Ganzen zu sein. Dieses Gefühl vermittelt man ihnen über Engagement. Ein Unternehmen braucht eine wirkungsvolle 360-Grad-Kommunikation und muss dafür sorgen, dass die Mitarbeiter einbezogen werden. Dein Ziel muss es sein, eine Umgebung zu schaffen, in der sich jeder so fühlt, als würde er zum Inner Circle gehören, weil er nämlich tatsächlich zum Inner Circle gehört.

Es reicht nicht, dass Mitarbeiter wissen, was ihr Unternehmen tut. Sie müssen auch wissen, warum es das tut. Sie müssen vollkommen über die Gründe für jede Entscheidung informiert sein. Nur dann fühlen sie sich der Sache verpflichtet und arbeiten unermüdlich, um diese Pläne wahr werden zu lassen. Falls nicht, fühlen sie sich ausgeschlossen, verwirrt und demotiviert. Und das kann nicht unser Bestreben sein, denn dann gehen die Lichter aus.

Bei BrewDog sind wir immer bestrebt, dass unsere Mitarbeiter so gut wie möglich eingebunden werden. Jeden Monat halten wir Meetings für jedes Team ab, bei dem wir unsere neuesten Angriffe auf die Menschheit besprechen. Wir haben eine mitarbeiterinterne Website namens The Kennel und ich verschicke jede Woche eine E-Mail, um alle im Unternehmen auf dem Laufenden zu halten, was auf dem Planeten BrewDog so passiert. Die Leute sind viel produktiver, wenn sie genau wissen, worauf sie hinarbeiten, welche Fortschritte das Unternehmen macht, wie sich ihre Rolle ins große Ganze einfügt und diese kollektive Vision in eine neue Realität zu verwandeln hilft.

Um eine gesamte Branche zu überflügeln, mögen viele der Strategien und Tricks, die du anwendest, ihnen nicht einleuchtend vorkommen. Die originellsten innovativen Konzepte können dich ja schon in Angst und Schrecken versetzen, ganz zu schweigen von deinem Team. Ohne eine Erläuterung können sie den Eindruck erwecken, als hätte die Führungsriege ein Erste-Klasse-Ticket für die Klapsmühle gelöst. Wenn du dafür sorgst, dass dein Team versteht, wozu etwas gut sein soll, ist es viel wahrscheinlicher, dass es sich mit Herz und Seele für die Umsetzung engagiert.

Wenn alle mit im Boot sind, kann dich nichts mehr aufhalten. Deinem Aufbruch nach Utopia steht nichts im Wege.

4/ Alle Macht dem Volke

Es ist simpel: Deine Mannschaft erbringt die besten Leistungen, wenn sie das Gefühl hat, sich frei entwickeln und entfalten zu können. Das Bekenntnis zum Lernen, das Bekenntnis zu Schulungen, das Bekenntnis zu Ausbildung und das Bekenntnis zu interner Förderung sorgen auf lange Sicht für beständigere und engagiertere Mitarbeiter. Wenn du dir das Ziel setzt, die Hoffnungen und Träume deiner Mitarbeiter zu verwirklichen, ist es sehr viel wahrscheinlicher, dass sie sich im Gegenzug besondere Mühe geben, um auch die Hoffnungen und Träume des Unternehmens zu verwirklichen.

Bei BrewDog glauben wir fest daran, dass man gar nicht genug in die Mitarbeiter investieren kann. Wir glauben unerschütterlich an die persönliche und berufliche Weiterentwicklung. Wir glauben fest daran, innerhalb unserer Branche die besten Löhne zu zahlen und die meisten Vorteile zu bieten. Wir glauben daran, uns ständig selbst zu hinterfragen, um uns als Arbeitgeber weiter zu verbessern. Und wir wissen, dass wir ohne unsere wunderbaren Mitarbeiter gar nichts wären.

WENN ALLE MIT
IM BOOT SIND,
KANN DICH NICHTS MEHR
AUFHALTEN.

Im Oktober 2014 unternahmen wir einen beispiellosen Schritt und wurden zum Living Wage Employer. Das war für uns entscheidend, um zu erkennen, wie wichtig unsere Mitarbeiter für unser Geschäft und für eine wechselseitige Zukunft sind. Wir sind unrettbar dem Ziel verfallen, das beste Bier der Welt zu brauen und die Erwartungen der Leute an den Kundendienst neu zu definieren. All das ist nur möglich, wenn man die Besten der Besten beschäftigt (Stichwort Maverick, Goose und Iceman, und dann schmeiß die Idioten raus wegen Übertreibung. Spezialeffekt: *Welcome to the Danger Zone*).

Unternehmen brauchen Bewusstmachung und Ausschöpfung. Kluge Firmen erkennen, dass es langfristig unendlich viel produktiver und profitabler ist, Engagement, Loyalität, Mitarbeiterbindung und Produktivität zu maximieren, als die Gehälter zu minimieren.

Bei BrewDog bieten wir eine Menge branchenweit anerkannte Qualifikationen, von Kursen beim Institute of Brewing & Distilling bis zur Ciceronen-Ausbildung. Wir betreiben auch die BrewDog Academy (auch bekannt als Harvard School of Beer – na ja, fast). Das ist eine Reihe kostenloser Workshops, die von erfahrenen Mitarbeitern und Gastdozenten geleitet werden. Wir behandeln eine große Bandbreite von Themen, von Finanzwesen über Brauereifachwissen, Social Media, Verhandlungsführung, Bierverkostung und Logistik bis zum Verpacken. Darüber hinaus haben wir Management- und Führungsprogramme, die all unseren ehrgeizigen jungen Mitarbeitern offenstehen.

Wir sind auch große Befürworter der internen Förderung. Das war schon immer eine starke Motivation für unsere Mitarbeiter. Aber wie alles im Leben kann es auch eine Kehrseite haben; man lässt sich leicht mitreißen und befördert Leute über ihre gegenwärtigen Fähigkeiten und Kenntnisse hinaus. Deshalb haben wir eine rigorose Personalentwicklungsstruktur. Bei BrewDog finden wir, dass wir gar nicht genug in die Schulung und Entwicklung unserer Mitarbeiter investieren können, um dafür zu sorgen, dass sie ihre Kenntnisse, ihre Kompetenz, ihr Wissen und ihr Selbstvertrauen vergrößern können, während das Unternehmen wächst. Die meisten Mitglieder unseres Führungsteams haben sich aus Einstiegspositionen innerhalb unserer Firma hochgearbeitet. Selbst ausgebildete Talente an der Spitze zu haben, die sich durch alle Hierarchiestufen hindurchgearbeitet haben, ist ein stabiler Baustein unserer Unternehmenskultur, der nur durch die Personalentwicklungsinitiativen ermöglicht wird, die wir im Laufe der Jahre auf ihre Belastbarkeit getestet haben.

5/ Kulturschädlinge

Jeder neue Mitarbeiter bringt seine eigenen Werte und Vorgehensweisen in die Gruppe ein, was bedeutet, dass deine Unternehmenskultur sich im Laufe der Zeit unmerklich verändern kann. Eine der wichtigsten Entscheidungen bei der Einstellung ist die Einschätzung, wie gut ein Bewerber sich in die Kultur einfügen kann. Hier gibt es keine extremen Gegensätze; nur gleichgesinnte, sympathische Personen.

Nicht nur der frühe Vogel, sondern auch der frühe Mitarbeiter fängt den Wurm. Die ersten paar Leute, die du einstellst, spielen eine maßgebliche Rolle bei der Festigung und Erweiterung deiner Unternehmenskultur. Ihre Wichtigkeit bei der Bestimmung der Marschroute deines Unternehmens kann gar nicht hoch genug geschätzt werden.

Im Rückblick ist es phänomenal, wie viel Einfluss unsere ersten Mitarbeiter auf die Prägung und Verankerung unserer sich entwickelnden Unternehmenskultur hatten. Im Frühstadium ist die Kultur von maßgeblicher Bedeutung. Dennoch wird sie nur zu oft vernachlässigt, besonders angesichts scheinbar viel drängenderer Probleme wie Kapital, Kunden und der Weiterentwicklung deines Produkts, die meist ganz oben auf der Tagesordnung stehen. Kultur muss von Anfang an Priorität genießen, und sie muss bei den Gründern beginnen und dann von den ersten Mitarbeitern weitergetragen werden.

Unser jetziger Brauereichef Stewart Bowman hat die zweifelhafte Ehre, der erste Mitarbeiter bei BrewDog gewesen zu sein, der nicht James oder Martin hieß. Er verkörpert in geradezu furchterregendem Maße alles, woran wir bei BrewDog glauben, einschließlich einer ansteckenden Begeisterung für Bier, einem großartigen Arbeitsethos, einer offenen und freundlichen Art gegenüber anderen, einer Punk-Einstellung und einem enzyklopädischen Bierwissen, das er mit missionarischem Eifer weitergibt. Stewart war nicht nur maßgeblich für den Aufbau unseres Unternehmens, sondern auch für den Aufbau und Schutz unserer Unternehmenskultur und dafür, dass BrewDog zu dem wurde, was es heute ist.

Wie viele unserer ersten Mitarbeiter hat Stewart unsere Unternehmenswerte entscheidend geprägt. Martin und ich haben persönlich mit jeder einzelnen der ersten 100 von uns eingestellten Personen ein Bewerbungsgespräch geführt (was weit über 1000 Gespräche bedeutet), und obwohl wir in den ersten Jahren geradezu lächerlich viel zu tun hatten, war dies vielleicht die wertvollste Nutzung unserer Zeit in der Geschichte unseres Unternehmens. Es hat im Wesentlichen dafür gesorgt, dass wir Leute eingestellt haben, die sich in unser Ethos und unser Team einfügten und zugleich zu Botschaftern unserer Kultur wurden, während wir weiterwuchsen. Wir mussten viele Frösche küssen, ehe wir unsere Superstars gefunden haben.

Die Fackel der Unternehmenskultur wird am besten von jenen getragen und weitergereicht, die daran gewöhnt sind, sie zu halten und schon lange im Unternehmen sind. Jene, bei denen sie von innen heraus brennt. Jene, die sich dem Feldzug aus tiefster Seele verpflichtet haben.

Eine funktionierende Unternehmenskultur ist reines Plutonium. Eine dysfunktionale ist Tschernobyl.

KULTUR MUSS VON ANFANG AN PRIORITÄT GENIESSEN, UND SIE MUSS BEI DEN GRÜNDERN BEGINNEN UND DANN VON DEN ERSTEN MITARBEITERN WEITERGETRAGEN WERDEN.

INNEN = AUSSEN

Der Zeitgeist von heute bedeutet, dass alle Mauern gefallen sind. Von Berlin bis Peking gibt es keine Trennlinien mehr. Es gibt kein Innen/Außen. Deine Mitarbeiter sind genauso wichtig wie deine Kunden, wenn nicht sogar noch wichtiger. Du musst nach innen dieselben Werte leben wie nach außen. Wir haben diese Idee bereits von außen nach innen untersucht, jetzt ist es Zeit, sie von innen nach außen zu betrachten.

Im herkömmlichen Sinne ist die Unternehmenskultur die andere Seite der Münze einer Unternehmensmarke. Doch in der heutigen Welt dreht diese Münze sich so rasch, dass Kopf und Zahl ineinander übergehen. An deiner Unternehmenskultur zu arbeiten ist tatsächlich eine viel effektivere Form des Marketings als alle anderen traditionellen Marketingmedien zusammengenommen. Kultur ist Marketing. Kultur ist Marke. Kultur findet inzwischen viel mehr Anklang bei den Kunden als Werbung.

Die einzigen Unternehmen, die wirklich etwas taugen, sind jene, die ebenso viel Wert auf die innere wie auf die äußere Wahrnehmung legen. Du musst nach innen hin die äußere Botschaft und Mission leben und atmen. Überall sind Spiegel, du kannst ihnen nicht entkommen. Alles wird auf die äußere Welt projiziert. Absolut alles.

Stell dir dein Geschäft als Wendejacke vor. Du kannst sie auf links oder auf rechts tragen, das ist gleich. Beide Seiten haben eine leicht unterschiedliche Funktion, aber es ist dieselbe Jacke. Kümmer dich um deine Mitarbeiter, dann werden sie sich um deine Kunden und die für dein Unternehmen wichtigen Personen kümmern. So unkonventionell und simpel ist das. Diene deinem Team und dein Team wird den Kunden auf dieselbe Weise dienen.

Es ist unmöglich, potenzielle Kunden für deine Produkte zu begeistern, wenn deine Mitarbeiter sie nicht zuerst lieben. Die erste Liebe dauert ewig. Dein Team ist dein Schaufenster. Es repräsentiert dein Unternehmen gegenüber der gesamten Welt. Je inspirierter, sicherer, engagierter und geschätzter sich deine Mitarbeiter fühlen, umso bessere Botschafter werden sie und umso besser ist der Eindruck, den sie jedem vermitteln, mit dem sie zu tun haben. Du musst genauso viele Stunden darin investieren, dass deine Mitarbeiter ein tolles Gefühl haben, wie du in die Verbesserung der Kundenerfahrung investierst.

Die andere Konsequenz des Ignorierens jeder Innen-außen-Grenze ist, dass Kunden sich deinem Unternehmen enger verbunden fühlen, wenn du ihnen nicht nur einen Blick durch die Gardine, sondern den Hausschlüssel schenkst. Das dient der Distanzverringerung zwischen dir und deinen Kunden und ist der neue Heilige Gral des Markenaufbaus.

Wenn jeder an vorderster Front für etwas arbeitet, das er gut versteht und an das er leidenschaftlich glaubt, ist es für die Kunden viel leichter zu verstehen, warum du etwas Besonderes bist. Dein Feldzug muss innen wie außen nahtlos verlaufen.

Bei BrewDog wird alles von unserer Mission beherrscht. Sie ist der Grund, warum wir morgens aufstehen und abends nicht ins Bett gehen. Für uns ist sie alles. Wir arbeiten uns die Seele aus dem Leib für unseren total besessenen Feldzug, um jeden genauso sehr für tolles Craft Beer zu begeistern, wie wir selbst begeistert sind. Und weißt du was? Es funktioniert. Wir füllen jedes Glas mit Auslese, Qualität und Geschmack. Wir heben den Status von Bier. Und wir verändern für immer die Landschaft der Brauindustrie, Flasche für Flasche. Lang lebe die Revolution!

Reiß die Mauern nieder. Mit dem Vorschlaghammer!

ALLES WIRD AUF DIE ÄUSSERE WELT PROJIZIERT.

BEWERBUNGSGESPRÄCHE NERVEN

Bewerbungsgespräche und erste Dates nerven. Peinliches Schweigen, bedeutungsschwangere Pausen und exzessives Schwitzen. Man sagt irgendwas, das einem gerade durch den hohlen Kopf geht, zum Beispiel: »Also, essen Sie oft Suppe?«, oder: »Ein Freund meiner Cousine hat seine Wüstenrennmaus darauf abgerichtet, Breakdance zu Rachmaninow zu tanzen.« Erste Dates werden zu letzten Dates, und Bewerbungsgespräche werden hastig verlassen.

Genau genommen sind erste Dates wahrscheinlich einfacher, dem gesellschaftlichen Gleitmittel-Effekt von Alkohol sei Dank. Vielleicht solltest du deinem Bewerber immer erst mal einen Drink anbieten; wir machen das oft. Ein kaltes Bier oder ein Bourbon on the rocks hilft, das Eis zu brechen. Am Ende stellst du einen Mitarbeiter des Monats ein und verhinderst, dass du irgendeinen Psycho in dein Unternehmen holst. Mach das bei Bewerbungsgesprächen und bei ersten Dates. Du kannst mir später danken. Vorzugsweise mit einem Bier.

Selbst wenn das Vorstellungsgespräch gut läuft, ist dies eine furchtbare Methode, um herauszufinden, ob jemand ein guter Mitarbeiter sein wird oder nicht. Das Einzige, was du bei einem Bewerbungsgespräch erfährst, ist, wie gut derjenige bei Bewerbungsgesprächen ist. Und sofern seine Arbeit nicht darin besteht, Bewerbungsgespräche zu führen, nützt dir das herzlich wenig.

Bei BrewDog geben wir uns alle Mühe, es anders zu machen. Nicht weil wir um jeden Preis anders sein wollen, sondern um besser zu sein. Um den Bewerbern ein gutes Gefühl zu geben und herauszufinden, wie gut sie in unsere Unternehmenskultur passen.

In den Gründungsjahren von BrewDog haben Martin und ich alle Bewerbungsgespräche geführt. Die ersten 100 Mitarbeiter wurden von einem Gründer befragt. Es hat uns massenhaft Zeit gekostet, obwohl wir ohnehin schon nicht mehr zum Schlafen kamen, aber aus unserer Sicht war die Entscheidung darüber, wen wir in unserem Unternehmen dabeihaben wollten, das Wertvollste, in das wir unsere Zeit investieren konnten. Wir führten die Vorstellungsgespräche gern außerhalb des Geschäfts und banden sie in einen sozialen Anlass ein. Bowling war gut; entweder waren sie Glückstreffer oder Nieten. Bei einem kleinen sozialen Miteinander kannst du die Persönlichkeit der Bewerber einschätzen, ihren Eifer testen und ihre kulturelle Passgenauigkeit ergründen. Wie sie auf der Bowlingbahn mit Scheitern und Erfolg umgehen. Wie sie mit den anderen Spielern interagieren. Du erfährst eine Menge über jemanden, wenn du beobachtest, wie er einen Wurf zelebriert.

Wenn du dir nicht sicher bist, ob der Kandidat pures Dynamit oder nur ein verkleideter Irrer ist, mach mit ihm eine Testfahrt. Erst ausprobieren, dann kaufen. Ich rede nicht davon, ihm die Kündigung nahezulegen oder ihn erst einzustellen und dann wieder rauszuschmeißen (obwohl wir hier gerade über das Letztere sprechen). Gib ihm ein kleines Projekt, bitte ihn, ein Wochenende vorbeizukommen oder abends ein paar Arbeiten zu erledigen. Das ist eine großartige Methode, um seine Leistung zu erkennen, wie er sich einfügt und wie ihr zusammenarbeitet. Vielleicht magst du ihn nicht, vielleicht mag er dich nicht; es ist ja keine Einbahnstraße.

Zusammenfassend haben wir also zwei Einstellungsregeln:

1/ Bewerber müssen ebenso für unsere Mission brennen wie wir.

2/ Bewerber müssen in die Unternehmenskultur passen.

Auf diese Weise stärkst du dein Team, damit auch deine Kultur und letztlich dein Geschäft. Wir möchten nur Leute einstellen, die an dasselbe glauben wie wir.

Versteh mich nicht falsch, es ist immer noch ein schwieriges Unterfangen. Wenn es dir gelingt, floriert dein Geschäft. Wenn du es dauerhaft versemmelst, hast du kein Geschäft mehr. Treib es aber nicht auf die Spitze; bei den Einstellungen ist eine 60- bis 70-prozentige Trefferquote immer noch ausreichend, um dich zum Superstar zu machen.

Du solltest immer im Rekrutierungsmodus sein. Warte nicht darauf, dass jemand sich bewirbt, sondern mach die Leute ausfindig, die du in deinem Unternehmen haben willst, sprich sie an und reiß sie auf. Freunde, Familienmitglieder, Wildfremde, Online-Stalker und Geschäftskontakte: Du musst jeden als potenziellen Mitarbeiter betrachten. Ich habe mal jemanden kontaktiert und eingestellt, weil mir seine Twitter-Feeds gefielen.

Selbst wenn alles oben Genannte stimmt, wirst du gelegentlich immer noch total danebenliegen. Manchmal schlüpft dir ein arschkriechender Schwachkopf durch den Radar. Dann musst du schnell handeln, kaltblütig und mit der Effizienz eines Panzers. Einem faulen Ei können rasch Beine, Federn und ein Schnabel wachsen. Entlassen ist schwerer als Einstellen, aber es geht ganz sicher schneller. Du musst das für deine eigene Gesundheit tun, aber – was noch wichtiger ist – auch für dein Team. Ein Minderleister oder jemand, der nicht in die Unternehmenskultur passt, kann sich rasch auf die Moral auswirken. Manchmal musst du einfach deinem Instinkt vertrauen. Ich musste schon Leute nach ein paar Tagen entlassen, und einmal habe ich sogar jemanden gleich am ersten Tag gefeuert. Die haben es einfach nicht gebracht. Das klingt vielleicht brutal und wahrscheinlich ist es das auch, aber es ist unendlich viel besser als die allmähliche Erosion der Unternehmenskultur, an der du und dein fantastisches Team so mühevoll gearbeitet habt.

WARTE NICHT DARAUF,
DASS JEMAND SICH BEWIRBT,
SONDERN MACH DIE LEUTE
AUSFINDIG, DIE DU IN DEINEM
UNTERNEHMEN HABEN WILLST,
SPRICH SIE AN UND
REISS SIE AUF.

LIEBE AUF DEN ERSTEN BLICK

Einsteigen ist der Mechanismus, mit dem neue Mitarbeiter in ein Geschäft eingeführt werden. Es ist der Beginn einer Liebesgeschichte von epischem Ausmaß. Einer Liebesgeschichte zwischen deinem Unternehmen und deinem neuen Mitarbeiter. Einer lebenslangen Romanze. Du musst dafür sorgen, dass diese Liebschaft den bestmöglichen Start bekommt und fortwährend genährt, gepflegt und gefördert wird.

Die ersten paar Tage, sogar die ersten paar Herzschläge eines neuen Angestellten in deinem Umfeld sind entscheidend. Wenn du seinen Erwartungen Leben einhauchst, wird er umgekehrt deiner Vision Leben einhauchen. Je anregender und mitreißender also deine Einstiegsprozedur ist, umso besser werden die Leistungen des Einzelnen kurz-, mittel- und langfristig sein.

Fakt ist: Ein toller Einstieg verringert die Mitarbeiterfluktuation, steigert die Produktivität und stärkt die Unternehmenskultur.

Der erste Anlaufpunkt sind die Materialien deines neuen Mitarbeiters. Eine Willkommensmappe des Unternehmens sollte diesen Zweck erfüllen. In den meisten Firmen geschieht das genaue Gegenteil. Im schlimmsten Fall existiert sie gar nicht, und im besten Fall besteht sie nur aus geschwollenem juristischen Quark. Ein passenderer Titel wäre häufig: »Willkommen in der Unternehmenshölle, du Arschloch, für diese Dystopie hast du einen Vertrag unterschrieben.«

Sorg dafür, dass du der Verfasser bist, und achte darauf, dass sie in deinem Tonfall geschrieben ist und deine Vision widerspiegelt. Wenn du dagegen dein Unternehmen aus dem Blickwinkel eines geldsaugenden Rechtszombies präsentierst, ist es an der Zeit, die Haubitze durchzuladen und deinem eigenen Arsch sowie dem deines neuen Mitarbeiters den Abschiedskuss zu geben.

Ein Mitarbeiterhandbuch sollte ein Straßenatlas sein, der dich und deine neuen Angestellten auf dem schnellsten Weg von A nach Bigger Business bringt. Es muss ebenso großartig sein wie deine Website und die Kundenbroschüren. Es sollte klar und unmissverständlich deine Visionen, deine Werte, deine Mission und deine Kultur repräsentieren. Etwas, was du voller Stolz mit nach Hause nimmst, um es deiner Mutter zu zeigen. »Mama, das ist das Mitarbeiterhandbuch. Das Mitarbeiterhandbuch, Mama. Ich bin echt verliebt!«

Denk daran, dass die Mauern gefallen sind: Es gibt keine Aufteilung mehr in drinnen und draußen. Deine Marke ist eins. Das musst du dir einbläuen. Deine Kundenmarke und deine Mitarbeitermarke sind ein und dasselbe – zwei Seiten derselben Münze. Wirf sie in die Luft, und ob Kopf oder Zahl, das Ergebnis ist dasselbe. Mitarbeiterhandbücher sind genauso wichtig wie Newsletter für Kunden.

Wenn du dich vergrößerst, richtest du vielleicht Abteilungen für einzelne Positionen und Leute ein. Aber teile nicht deine Mitarbeiter auf. Sorg dafür, dass sie sich als Teil des gesamten Teams und des großen Ganzen fühlen. Dadurch erkennen sie die Bandbreite deiner Tätigkeiten und Zielsetzungen, und das schafft Synergien, Kameradschaft und stabile Verbindungen zwischen deiner gesamten Mannschaft.

**DEINE MARKE IST EINS.
DAS MUSST DU DIR
EINBLÄUEN.**

LOYALITÄT IST ALLES

Das Beste, was du von einem Hund lernen kannst, ist Loyalität. Egal wie gut oder wie schlecht der Tag ist, mein Hund steht mir immer zur Seite. Der beste Freund des Menschen ist auch der beste Freund des Geschäfts.

Leider kann die Loyalität im Geschäftsleben wechselhaft sein. Wenn du ganz oben bist, ist es total einfach. Wenn du versagst, ist es 100-mal schwieriger. Du lernst jemanden erst dann richtig kennen, wenn es hart auf hart kommt, wenn die Leute unter Druck stehen und wenn die Kacke am Dampfen ist. Unter extrem schwierigen Bedingungen entdeckst du, wer es draufhat und wer nicht.

Problematische Zeiten zeigen dir, wie deine entscheidenden Mitarbeiter wirklich gestrickt sind. Unter Druck knicken die Schwachen ein, die Unbeständigen laufen weg, die Zaghaften zerbröseln, aber die loyalen Superstars in deinem Team strahlen weiterhin wie ein Leuchtfeuer. Achte besonders bei echten Herausforderungen genau auf deine Mitarbeiter, und du erfährst alles über sie, was du wissen musst.

Loyalität ist etwas Gegenseitiges. Du kannst sie nicht von anderen erwarten, wenn du nicht selbst sehr freigiebig damit bist. Loyale Führungskräfte schaffen loyale Teams. Loyale Teams liegen vorn. In einer zunehmend schnelllebigen Welt hat ein wenig altmodische Loyalität einen sehr langen Atem.

Loyalität zwischen Mitarbeitern, Kunden und Lieferanten ist maßgeblich für langfristiges Wachstum.

Das Schaffen gegenseitiger Loyalität innerhalb deines Teams fördert deine Kultur. Und umgekehrt hilft es dir, auch die wüstesten Eisstürme der Tundra zu überdauern.

WENN DEIN VORHABEN EINE CHANCE HAT, WIRKLICH ABSOLUT FANTASTISCH ZU WERDEN, DANN DURCH HERAUSRAGENDE FÜHRUNG, NICHT DURCH GESCHÄFTSTÜCHTIGKEIT.

EIN SCHIFF BRAUCHT EINEN KAPITÄN

»Dies ist für die Verrückten. Die Unangepassten. Die Rebellen. Die Unruhestifter. Die runden Zapfen in viereckigen Löchern. Diejenigen, die einen anderen Blick auf die Dinge haben … Manche mögen sie als Verrückte betrachten, wir sehen sie als Genies. Denn wer verrückt genug ist zu glauben, er könnte die Welt verändern, der tut das auch.«

Steve Jobs (Business-Punk)

Wenn dein Vorhaben eine Chance hat, wirklich absolut fantastisch zu werden, dann durch herausragende Führung, nicht durch Geschäftstüchtigkeit. Kompetente Geschäftsleute gibt es überall, und durchschnittliche Unternehmen sind voll mit ihnen. Doch große Führungskräfte in deinem Team zu haben kann dabei helfen, die Welt zu verändern. Die Gründer und Vorgesetzten in deinem gesamten Unternehmen müssen:

1/ Gänsehaut verursachen

Ohne eine Vision verwandelt sich der wunderschöne Traum von heute in den wahnsinnigen Albtraum von morgen. Mit einer Vision kann niemand dich aufhalten. Vergrößere sie. Je größer, je ehrgeiziger, je extravaganter, umso besser.

Ambitionierte Führungskräfte müssen die Herausforderung verkaufen, sie in die Realität einfassen, sagen, wie es ist, und verkaufen, wie es nicht ist. Sie müssen sie aberwitzig ehrgeizig machen und gleichzeitig beinahe erreichbar. Sie müssen ihre Mitarbeiter ermutigen, daran zu glauben, und gleichzeitig dafür sorgen, dass sie von einem unstillbaren Hunger angetrieben werden, das Ziel zu erreichen.

Worin auch immer sie besteht, sorg dafür, dass die Vision ein funkelnder Diamant ist. Sie muss überirdisch großartig und absolut unwiderstehlich sein. Falls sie nicht jedem eine Gänsehaut über den Rücken jagt, musst du noch daran feilen. Deine Mitarbeiter müssen sie mit ihrem Blut unterzeichnen. Nähre ihre Herzen und stimuliere ihre Seelen. Zeichne das Bild einer Welt, die noch nicht existiert.

Unter den Blinden ist der Einäugige König. Also, Auge auf, Kumpel!

2/ Es ordentlich krachen lassen

Wir alle fühlen uns gut, wenn das, was wir tun, anerkannt und gewürdigt wird. Das ist eine Binsenweisheit, aber glaub mir, sie kann eine Menge bewirken. Wenn du willst, dass dein Team richtig rockt, musst du seine Bemühungen anerkennen. Ausdrücklich und oft. Dein aufrichtiges Lob und deine Ermutigungen müssen in den Ohren deiner Leute widerhallen, dann katapultiert dich das Resultat an die Spitze. Wenn jemand ein Tor schießt, feier es. Lass es so richtig krachen. Und beim nächsten Mal schießt er bestimmt noch ein bisschen härter, weiter und schneller.

Bring die Anerkennung in einen Kontext, mach deutlich, dass die Mitarbeiter zur Verwirklichung der übergreifenden Mission beigetragen haben. Die wichtigsten und motivierendsten Worte des Lobes und der Wertschätzung schaffen eine Verbindung zwischen dem Handeln der Mitarbeiter und dem Bezugsrahmen der Firma, damit sie wissen, wie bedeutsam ihr Beitrag ist, um die Gesamtvision wahr werden zu lassen.

3/ Zeit schenken

Was ist das Wichtigste, das du deinem Team geben kannst? Das internationale Quantitätensystem. Oder, für dich und mich, Zeit. Was anderes zu geben ist einfach, aber deine Zeit ist in der Tat ein besonderes Geschenk. Und dein Team weiß das. Wenn du sie also schenkst, wird sie als die kostbarste aller Gaben entgegengenommen.

Je mehr Zeit du schenkst, desto mehr Zeit bekommst du. Die Leute werden angeregt, für dich eine zusätzliche Leistung zu erbringen, wenn du Leistung in sie investierst. Zeit ist ein überaus wertvolles Gut: Zeit ist mehr wert als Diamanten, Baby.

Wenn du mit irgendwas Zeit verbringen willst, dann verbring sie mit deinen Mitarbeitern. Das ist das Wichtigste, worauf echte Führungskräfte ihre Zeit verwenden können. Wenn du deinem Team nicht genügend Zeit schenkst, hat dein Schiff keinen Kapitän, und Schiffe ohne Kapitän kommen nirgendwohin.

4/ Ein Sicherheitsnetz sein

Ganz oben im Big Business ist es sowohl spaßig als auch gefährlich. Da gibt es lauter Clowns, Freaks, Glücksritter, rasende Bestien und auch ein paar Zimperliesen. Beschütze dein Team um jeden Preis und sei das Sicherheitsnetz. Sei ein Puffer. Sie müssen wissen, dass du das Alphamännchen oder -weibchen bist, das für sie sorgt. Halt den Arsch hin, fang die Schläge ab, was immer notwendig ist. Sei wie ein Crashtest-Dummy. Schnall dich gut an. Du bist das Ende der Nahrungskette.

Bau gegenseitiges Vertrauen auf. Das ist wie Raketentreibstoff für das Wachstum. Die Leute bringen Leistung, wenn sie sich wohl- und sicher fühlen. Wenn sie wissen, dass ihr Chef auf sie aufpasst. Wenn sie wissen, dass ihr Chef für sie einsteht und sie beschützt, falls doch was schiefgeht. Dein Team ist dein Geschäft, dein Wachstum und deine Zukunft, also pass darauf auf.

WENN DU MIT IRGENDETWAS ZEIT VERBRINGEN WILLST, DANN VERBRING SIE MIT DEINEN MITARBEITERN.

5/ Tolle Leute ins Team holen

Deine Personalentscheidungen als Führungskraft definieren dein Team und sie definieren dich.

Wenn du keine tollen Leute in dein Team holst, wirst du verdammt viel Zeit damit zubringen, durchschnittliche Menschen zum Fällen kontinuierlich guter Entscheidungen zu bewegen. Im Grunde ist die Krux des Business, dass man entweder versucht, Idioten durch Systeme oder Konzepte zu intelligenten Entscheidungen zu zwingen, oder außergewöhnliche Menschen einstellt, die von vornherein zum Treffen intelligenter Entscheidungen in der Lage sind. Das Letztere scheint offensichtlich die attraktivere Lösung zu sein, aber außergewöhnliche Menschen zu finden ist ungefähr so, als suche man eine Nadel in einem riesigen Deppenhaufen.

Betrachte dich selbst als Oberherrn. Nur du kannst dein Team schützen, indem du Eintrittsvoraussetzungen festlegst und durchsetzt und dafür sorgst, dass Neuzugänge nicht die Kultur gefährden, die du aufbaust. Ein einziger neu eingestellter Schwachkopf kann wie ein Virus das gesamte Geschäft gefährden. Als Führungskraft musst du entscheiden, wer es packt und wer nicht. Große Führungskräfte verdienen sich Respekt, indem sie nur die Besten einstellen.

Schwache Mitarbeiter in ein toll eingestelltes Team zu holen hat massive Auswirkungen auf die Moral und die Leistung der Gruppe. Alphatiere wollen mit Alphatieren zusammenarbeiten, daher hast du die Verantwortung dafür, ausschließlich Alphas in deine bereits ganz oben rangierenden Teams zu lassen. Teams arbeiten tendenziell auf oder nahe dem Leistungsniveau ihres schwächsten Mitglieds.

Gute Führungskräfte wissen, wie sie außergewöhnliche Leute in ihre Teams holen. Ein Unternehmen steht und fällt mit der Qualität der Personalpolitik. Wenn du zu viele Idioten einstellst, wirst du selbst einer.

6/ Verantwortung übernehmen

Eine gute Führungskraft übernimmt die komplette Verantwortung. Schlechte Entscheidungen, die von Mitarbeitern getroffen wurden, sind ein Weckruf und spiegeln deine eigenen Fähigkeiten als Führungskraft wider – oder vielleicht eher Unfähigkeiten. Was auch immer geschieht, ob gut, schlecht oder scheiße, ist eine direkte Folge deiner Führung.

Schuldzuweisungen sind was für Spießer und Militaristen. Wenn etwas in die Hose geht (und das tut es immer), sind schlechte Führungskräfte schnell mit Ausflüchten bei der Hand. »Ich war das nicht, er war's.« Hey, hör mal gut zu: Du warst es. Gute Führungskräfte verstehen, dass letztlich alle Entscheidungen ein Spiegelbild ihrer eigenen Führungsqualitäten sind. Schlechte Entscheidung gleich schlechte Führungskraft. Gute Führungskräfte nutzen zudem diese Situationen als Gelegenheit der persönlichen Entwicklung und geben konstruktives Feedback. Sie verdeutlichen dem Team, wie es eine bessere Entscheidung hätte treffen können, was die Wahrscheinlichkeit dafür, dass sie in Zukunft bessere Entscheidungen treffen, deutlich erhöht.

Die besten Kapitäne übernehmen die volle Verantwortung für jedes Ergebnis und vermitteln gleichzeitig ihrem Team die Begeisterung, die Mittel und die Fähigkeiten, konsequent brillante Entscheidungen zu treffen. Mitwirkung ohne Verantwortlichkeit führt zu Anarchie. Mitwirkung mit Verantwortlichkeit führt dazu, dass jeder im Unternehmen wie eine Führungskraft handelt und sich der Herausforderung stellt.

Führungskräfte sind seltene, inspirierende Wesen. Manager gibt es dutzendweise; die Welt ist voll mit angemessen kompetenten mittleren Managern, die in der Hierarchiefalle festhängen. Sofern du nicht mit dem Status quo zufrieden bist, solltest du sie meiden wie die Pest. Wahre Führungskräfte sind außergewöhnlich und ihre Wirkungskraft kann alle Grenzen sprengen.

Halt daran fest und bewahre deinen Glauben.

THE GOOD
BREWDOG

HIP

DIE BREWDOG-CHARTA

Die Kernwerte der meisten Unternehmen, sofern sie überhaupt existieren, sind ätzend. Immer dasselbe bedeutungslose zusammengestoppelte Zeug, niedergeschrieben von einer Unternehmensberatung, die sich einen Dreck um ihre eigene Kultur schert, ganz zu schweigen von der anderer. Respekt, Ethik, Verantwortung, bla, bla, bla: ein gut verrührter Cocktail von Aussagen, die sich entweder von selbst verstehen sollten oder so überstrapaziert worden sind, dass sie jeden Anschein von Relevanz verloren haben.

Bei BrewDog machen wir gerne alles selbst – und wir machen es gerne anders. Wir waren schon mehr als sieben Jahre alt (das sind 49 Hundejahre), ehe wir das Bedürfnis verspürten, unsere BrewDog-Charta zu formulieren. Bis zu diesem Zeitpunkt war alles komplett intuitiv gelaufen. Das Unternehmen war klein genug, dass jeder auf Anhieb wusste, was uns wichtig war und wie wir die Dinge gerne anpackten, und Martin und ich lebten es beispielhaft vor, was sich durch unsere Mitarbeiter fortsetzte. Wir fanden, es wäre albern, etwas zu artikulieren, was sowieso schon jeder wusste.

Doch jetzt, da über 400 neue Mitarbeiter 2016 zu unserem Team dazustoßen und wir nun an über 50 Orten weltweit verstreut sind, haben wir vor Kurzem beschlossen, dass es nun an der Zeit ist zu formulieren, worum es uns bei BrewDog geht, denn wir wollen unsere Unternehmenskultur nicht nur schützen, sondern verbessern, während wir unser rasches Wachstum fortsetzen. Der Prozess war kollaborativ. Er begann mit einer Umfrage bei über 400 BrewDog-Welpen, deren Ansichten dann heruntergebrochen wurden bis zu einer engen Fokusgruppe von 20 unserer langjährigsten Mitarbeiter. Wir wussten alle ziemlich genau, welche Werte herauskommen würden, denn bei BrewDog hat jeder eine sehr klare Vorstellung von dem, was uns wichtig ist und wie wir die Dinge angehen. Das ist unsere Charta:

Unsere Charta ist unser moralischer Kompass. Die Tatsache, dass sie von den Menschen geschaffen wurde, die diese Werte Tag für Tag vorleben, gibt ihr viel mehr Kraft und Gewicht, denn unsere Mitarbeiter können die voll-

DIE BREWDOG-CHARTA

WIR HABEN DIE MISSION, ANDEREN LEUTEN DIESELBE LEIDENSCHAFT FÜR GUTES CRAFT BEER ZU VERMITTELN, WIE WIR SIE EMPFINDEN.

WIR HABEN CRAFT BEER IM BLUT.

DAS IST UNSER FIXPUNKT.

WIR MACHEN KEINE KOMPROMISSE.

WAS WIR NICHT LIEBEN, MACHEN WIR NICHT. NIEMALS.

WIR REDEN TACHELES.

WIR SIND EHRGEIZIG. WIR SIND UNNACHGIEBIG. WIR GEHEN RISIKEN EIN.

WIR SIND STREBER.

LERNEN WIE BESESSEN. WEITERVERBREITEN WIE MISSIONARE.

OHNE UNS SIND WIR NICHTS.

WIR SIND BREWDOG.

ständige Verantwortung übernehmen für die Art von Kultur, die wir weiterhin aufbauen wollen. Die neue Charta fungiert wie ein Steuerruder für das Schiff *BrewDog*.

F

Geschwindigkeit, Zeit und
Raum für erklärte Freigeister

TEIL F: GESCHWINDIGKEIT, ZEIT UND RAUM FÜR ERKLÄRTE FREIGEISTER

Jetzt geht's richtig ab. Schnall dich an und halt dich fest. Bei dieser Fahrt geht es drunter und drüber. Dieser Teil enthält Ideen, Philosophien, Einstellungen und Regeln, mit denen du Raum und Zeit verformen kannst, um deine Ziele zu erreichen. Geschwindigkeit ist von großer Bedeutung für den Business-Punk – das bist du, also sperr die Ohren auf und hör gut zu!

Du musst dein Unternehmen unaufhaltsam vorantreiben. Wenn du auch nur eine Sekunde lang aufhörst, auf Verbesserung und Wachstum zu drängen, wirst du zu einer lahmen Ente und unsere brutale Welt verwandelt dich im Nullkommanichts vom gefiederten Freund in ein Stück Treibgut mit dem Bauch nach oben. Du musst nicht nur in Bewegung bleiben, sondern dich auch schneller bewegen können als jeder andere.

Alle Ideen hier sind Probe gefahren. Alle mit noch reichlich Kilometern auf dem Tacho und vollem Tank. Sie wurden alle in die Praxis umgesetzt, und die Praxis wurde da draußen auf dem Parcours ausgearbeitet.

Zeit ist Geld für einen jungen, hungrigen Business-Punk des 21. Jahrhunderts – im wahrsten Sinne des Wortes. Zu viel Stillstand führt zu einem

Rückgang deiner Interessenten. Dein Zeitmanagement muss erbarmungslos sein und du musst mehr aus der Zeit herausquetschen. Sekunden verdampfen rasch zu Monaten.

Überragendes Zeitmanagement ist ein wesentlicher Vorteil für ein neues Unternehmen. Wenn du arm an Geld und arm an Zeit bist, musst du anders denken, schneller und klüger als der Wettbewerb. Die anderen haben jahrzehntelange Erfahrung (was, nebenbei bemerkt, überhaupt nichts heißt), eine Armee von Lakaien, eine Galaxie voller Zeit und Gold auf der Bank.

In diesem Teil des Buchs analysieren wir, wie du deine Zeit maximieren kannst, und schildern, wie die Konkurrenz ihre Zeit vergeudet. Wir werden ein paar einfache Details herausstellen, mit denen du deine Chancen massiv erhöhen kannst, wenn es um Kreativität und Proaktivität geht. Um ein wachsendes Unternehmen zu führen, musst du ein wahnhafter Schizophrener sein, der die Hüte schneller wechselt als der verrückte Hutmacher, weil du im einen Moment noch Probleme löst und im nächsten schon wieder nach Inspiration suchst.

Geschwindigkeit ist entscheidend, aber mit der Geschwindigkeit kommt zwangsläufig das Chaos. Ohne eine gesunde Dosis an Chaos wird das (Geschäfts-)Leben allerdings ohnehin viel zu prosaisch und langweilig. Als kleines Start-up hast du alle Hände voll zu tun, um mit einem Übermaß an ausgereiften Unternehmen mitzuhalten, und das geht am besten, indem du effizient mit deiner eigenen Zeit und mit der Zeit deiner Firma umgehst.

Du musst dich schnell bewegen, Regeln überschreiten, alles wegsprengen, was dir im Wege steht, und jede Gelegenheit beim Schopf packen. Du musst dein eigener Held sein. Schließ den Sicherheitsgurt, halt dich gut fest, leg einen Gang ein und schalte den Turbo zu.

KREATIVE RÄUME SCHAFFEN

»Nichts vollzieht sich im Leben der Sterblichen ohne ein Unheil.«

Sophokles (Tragödien-Punk)

Es war ihm damals sicher nicht bewusst (gestorben 406 v. Chr.), aber dieser antike griechische Autor sprach von Smartphones, E-Mails, dem Internet und der konstanten Hirntod-Wirkung, den diese umfassenden Einflüsse auf ihre Opfer haben. Die Leute sind heutzutage alle so was wie Stopfleber-Zombies – so überfüttert mit sinnlosen Informationen aus allen Richtungen, dass sie aufgedunsen, verängstigt und gleichzeitig betäubt und komatös sind.

Falls du, wie viele andere heutzutage, in diesem Zustand bist, wirst du niemals irgendwas Bedeutsames erreichen, unter keinen Umständen. Wenn du dein Leben verbringst, indem du am Smartphone klebst, alle fünf Minuten einen Tweet absetzt, E-Mails liest und Bilder von dir selbst auf Facebook hochlädst, solltest du dieses Kapitel überspringen – und vielleicht sogar das ganze Buch.

Um etwas Bedeutsames zu schaffen, musst du zunächst mal Raum für Gedanken schaffen. Kreativen Raum, der es deinen Ideen ermöglicht zu keimen, zu wachsen und zu blühen. Arbeite härter, sei cleverer und fokussiere dich mit der Effizienz eines Laserstrahls.

Wenn du immer nur mit dem Hier und Jetzt beschäftigt bist, dann bleibst du in dieser Stopfleberwelt. Kreativität hat etwas mit dem kommenden Knaller zu tun, nicht mit dem letzten. Mach dein Vorhaben zukunftssicher. Sorg dafür, dass deine Kreativität und Fantasie nicht durch die permanente Verbindung nach außen erstickt und abgewürgt werden. Gedanken brauchen Raum, um sich zu entwickeln; du tötest sie, wenn du Freiräume damit füllst, permanent an deinen Geräten zu hängen.

Du kannst dir einfach nicht vorstellen, was in Zukunft sein könnte, wenn du dich ständig damit beschäftigst, was bereits ist. Du musst knallhart sein und eine Umgebung schaffen, die vollkommen frei ist von Hintergrundgeräuschen und Ablenkungen, und so viel Zeit wie möglich in diesem Raum verbringen. Schließ die Tür ab, schalte Telefon und Computer aus, setz dir einen Gehörschutz auf. Blende alles aus. Schaff dir deinen eigenen Raum und lass ihn wirken. Eine handyfreie Zone, keine Ablenkungen, keine Störungen, nur du und deine Ideen. Ein Mekka der Gedanken, dem du täglich huldigst. Das ist unverzichtbar. Nimm dir die Zeit und nutze die Vorteile. Sei kreativ, sei proaktiv, sei anders.

KREATIVITÄT HAT ETWAS MIT DEM KOMMENDEN KNALLER ZU TUN, NICHT MIT DEM LETZTEN.

Nutze die Zeit, um jene Ideen zu entwickeln, die den größten Einfluss auf dein Unternehmen und damit auf deinen Gewinn haben. Sei diszipliniert. Halte dich strikt an die täglichen kreativen Sitzungen.

Nimm dir die Zeit, nimm dir den Raum. Ansonsten wirst du bald nur noch darüber nachdenken, wo deine nächste Gehaltszahlung herkommt.

Ich habe zwei Schreibtische in meinem Büro, einen digitalen und einen analogen. Auf meinem digitalen Schreibtisch habe ich meinen Computer, mein Telefon, mein Handy, und dort kann ich vollständig mit der Welt verbunden sein, wenn ich das möchte. Dort kann ich auch vollständig mit meinen Geräten, aber nicht mit der Außenwelt verbunden sein, wenn ich mich dafür entscheide. Auf meinem analogen Schreibtisch gibt es Notizblöcke, große weiße Papierbögen, Stifte und sonst nichts.

Die deutliche Unterscheidung zwischen den beiden Arbeitsbereichen bringt meine Gedanken in den richtigen Bereich für die Art von Arbeit, die ich zu erledigen habe. Wenn ich ein paar E-Mails raushauen muss, beziehe ich Posten an meinem digitalen Schreibtisch. Wenn ich die Werbekampagne für ein neues Bier entwickeln, neue Entwürfe begutachten, Finanzen analysieren oder eine Präsentation für ein Mitarbeiter-Meeting erstellen muss, dann mache ich das ganz altmodisch an meinem analogen Schreibtisch, wo mein Gehirn wirklich in Gang kommt, ungestört von digitalen Ablenkungen. Die beste Arbeit mache ich an meinem analogen Schreibtisch.

Ich versuche auch, so viel Zeit wie möglich abseits von beiden Schreibtischen zu verbringen, abseits vom Büro, draußen in der wirklichen Welt. Nur wenige Revolutionen wurden vom Schreibtisch aus angezettelt.

SEI KREATIV,
SEI PROAKTIV,
SEI ANDERS.

GEH IN DIE OFFENSIVE

Proaktiv zu sein hilft dir, ein tolles Geschäft aufzubauen. Reaktiv zu sein heißt, dass dein Geschäft scheitert. Proaktiv heißt Erfolg. Reaktiv heißt: einfache Fahrt nach Versagerdorf. Heutzutage ist es nur zu leicht, dem reaktiven Workflow in die Falle zu gehen. Die Tatsache, dass du fast immer auf die unterschiedlichsten Arten erreichbar bist, bedeutet, dass das Potenzial böser kleiner Strudel von reaktiven Arbeitsabläufen jenseits von Gut und Böse ist. Auf die Reaktion zu reagieren wird rasch zur tatsächlichen Beschäftigung, und du kommst nie irgendwohin.

Ein reaktives Arbeiten ist ein selbst auferlegter und zerstörerischer Teufelskreis. Und ein katastrophales Karussell, in dem viel zu viele Firmen gefangen sind. Da werden Posteingang, eingehende Anrufe, Nachrichten und Social-Media-Beiträge gecheckt, nur um auf dem Laufenden zu bleiben, während wichtige Aufgaben vernachlässigt werden, weil die Leute zu »beschäftigt« sind und niemals innehalten, um sich zu fragen, womit sie sich da eigentlich gerade »beschäftigen«.

Die Wahrheit ist: Je mehr du dich mit reaktiven Arbeitsabläufen beschäftigst, desto mehr reaktive Arbeitsabläufe erzeugst du. Eine sich selbst erfüllende Prophezeiung, die kumuliert und dich in einen hoffnungslosen Abgrund zieht, während du komplett den Blick dafür verlierst, worauf es tatsächlich ankommt. Sobald du einmal auf der Straße des reaktiven Workflow losgefahren bist, wirst du immer schneller und schneller.

Reaktives Arbeiten macht süchtig. Die Leute werden süchtig danach, wie beschäftigt sie wirken. Reaktiver Workflow ist das Arbeitsplatz-Äquivalent zu Heroin: hochgradig suchterzeugend und tödlich. Steig auf die Bremse, nimm die nächste Ausfahrt und atme tief durch.

Wenn du in der reaktiven Falle sitzt, machst du nichts anderes, als dich mit Dingen zu beschäftigen, die bereits passiert sind. Um jedoch mit deinem Unternehmen wirklich etwas zu bewirken, musst du dich vor allem um das kümmern, was passieren wird. Du musst dir Zeit und Raum schaffen, um proaktiv zu sein, wenn du die Zukunft prägen willst.

Proaktiv zu sein heißt, vom täglichen Trubel Abstand zu nehmen. Proaktiv zu sein heißt, Raum für Gedanken und Kreativität zu schaffen. Proaktiv zu sein heißt, sich die Zeit zu nehmen, um am Unternehmen statt im Unternehmen zu arbeiten. Proaktiv zu sein heißt, die geschäftlichen Abläufe deinem Team anzuvertrauen, während du dich darauf konzentrierst, die Firma nach vorne zu bringen. Proaktiv zu sein in einem rasch wachsenden Kleinunternehmen kann das Schwierigste auf der Welt sein. Aber du musst einfach.

Bei BrewDog haben wir für unsere fünf Geschäftsführer eine 50-50-Regel. Ich und die anderen vier Personen, die unser Unternehmen leiten, dürfen nur die Hälfte der Zeit mit den alltäglichen Betriebsabläufen, der Lösung aktueller Probleme und dem Behandeln bestehender Fragestellungen zubringen und müssen mindestens die Hälfte unserer Arbeitszeit in die Verbesserung, Erweiterung und Entwicklung unseres Geschäfts investieren, in Möglichkeiten, uns in die nächste Wachstumsphase zu bringen. Hätten wir dabei nicht erbarmungslose Selbstdisziplin, würden wir dieses Prinzip nicht mit aller Macht befolgen, dann würden wir nur allzu bald im täglichen Sumpf versinken und unser Wachstum käme blubbernd zum Stillstand.

Wenn du ein Unternehmen, eine Organisation oder ein Team führst, solltest du nicht das Gefühl haben, dass du sofort oder auch nur zeitnah auf jeden eingehen musst. Es ist viel besser, einige wenige Leute in Bezug auf kleine Anliegen zu enttäuschen, als die Arbeit an den überlebenswichtigen Dingen aufzugeben, am großen Ganzen, am Weltverändernden. Vergiss die Illusion der Professionalität, die kannst du den Rechtsanwälten und Buchhaltern dieser Welt überlassen. Es ist einfach, E-Mails zu beantworten – manche Leute verbringen ihr ganzes Leben damit –, aber es ist viel schwerer, sich hinzusetzen und originell zu sein.

Ich beantworte nur jeden zweiten Tag E-Mails. Das schafft mir den Raum, den ich brauche, um proaktiv zu sein. Meine automatische Antwort lautet:

Hallo,

vielen Dank für die E-Mail. Um besser auf die Anforderungen unseres rasch wachsenden Unternehmens eingehen zu können, antworte ich nur alle zwei Tage auf eingehende E-Mails. Wir sind ziemlich beschäftigt damit, uns um unsere wunderbaren Kunden zu kümmern, eine neue Brauerei einzurichten, unsere Mitarbeiter zu fördern und Craft-Beer-Bars zu eröffnen.

Wenn Sie eine schnellere Antwort wünschen, kann Ihnen sicher jemand aus unserem Team weiterhelfen: http://www.brewdog.com/contact

Und machen Sie sich keine Gedanken, wenn ich gar nicht antworte. Ich habe die E-Mail gelesen und werde darauf eingehen, wenn es notwendig ist. Ich versuche nur, die Mailkette zu durchbrechen und die Welt zu retten (oder so was in der Art).

Weniger E-Mails sollten mehr Produktivität, das Brauen von mehr großartigem Bier und mehr Zeit zum Essen von Sandwiches bedeuten.
*Walk tall, kick ass and learn to speak craft beer,**

J

Sei proaktiv. Schaff dir den Raum, nimm dir die Zeit. Du musst deinen Freiraum verteidigen wie eine Löwin ihre Jungen. Verteidige ihn mit aller Kraft und nutze ihn weise. Informiert und vernetzt zu sein ist von Nachteil, wenn es dir die Zeit zum Denken und Verändern stiehlt. Bau ein Team und eine Struktur auf, die dir Flexibilität verleihen. Das verschafft dir den Raum und die Zeit, um proaktiv zu sein.

Und das ist der entscheidende Punkt: Erstens gibt Proaktivität dir die Zeit und die Perspektive, um Dinge vorauszusehen, um den Horizont zu betrachten. Dadurch kannst du potenzielle Probleme ausfindig machen und lösen, ehe sie überhaupt zu Problemen werden. Zweitens ermöglicht Proaktivität es dir auch, Strukturen und Teams aufzubauen, die für einen reibungsloseren Betriebsablauf sorgen. Beides zusammengenommen verringert den

* *Diese Schlussfloskel ist die Abwandlung eines Zitats von Hunter S. Thompson.*

Anteil reaktiver Tätigkeiten innerhalb des Unternehmens. Indem du also proaktiv bist, verringerst du den Umfang reaktiver Arbeitsabläufe, was dann wiederum mehr Zeit für Proaktivität schafft. Du musst nur stark genug sein, um den Kreislauf zu durchbrechen.

Gelegenheiten zur Ablenkung (die eigentlich keine Gelegenheiten sind) und reaktiver Workflow müssen für deinen Feldzug sterben – damit wichtigere Projekte wirklich lebendig werden können.

Willst du ein geschäftiger Idiot sein oder was bewirken? Das liegt an dir. Aber entscheide dich jetzt, später ist es zu spät.

INFORMIERT UND VERNETZT ZU SEIN IST VON NACHTEIL, WENN ES DIR DIE ZEIT ZUM DENKEN UND VERÄNDERN STIEHLT.

KLAUEN UND VERFÄLSCHEN

»Ein Punk ist jemand, der weiß, wie man der Welt unbequeme Fragen stellt und alles nur Mögliche tut, damit die Welt ihrer Beantwortung nicht ausweichen kann. Ein Punk ist jemand, der das Erstaunen lebt und atmet. Andere erstaunen und dich selbst erstaunen – das bedeutet Kunst für uns, und ohne Kunst kann es kein Leben geben. Es wäre zu langweilig.«

Pussy Riot (russische New-Wave-Punks)

Kreative Menschen brauchen Inspiration. Und die finden sie an den verrücktesten Orten: Bücher, Filme, Galerien, Städte, Architektur, Geschäfte, Fotos, Gedichte, Belauschtes, zufällige Gespräche. Inspiration ist buchstäblich überall; man muss nur einen Draht dafür haben. Wenn du nicht in allem Inspiration findest, was dir ins Auge fällt, suchst du nicht gründlich genug. Kaufen, erbetteln, ausleihen – wen kümmert's, Hauptsache, du kriegst es. Dann nimm es auseinander, brüte darüber, bau es neu zusammen, recycle es und mach es zu etwas Neuem.

Und das Sahnehäubchen auf dem Inspirationskuchen: Finde raus, wie du es auf dein Unternehmen und deinen Feldzug anwenden kannst.

David Bowie – oder war es David Jones? Oder war es Ziggy Stardust? Egal, irgendein Typ mit orangen Haaren hat mal gesagt: »Die einzige Kunst, die ich jemals studieren werde, ist Zeug, von dem ich etwas klauen kann.« Er muss die Idee für diese hautengen Glitzerkreationen ja irgendwo hergenommen haben, oder?

Such überall nach Inspirationen. Der einzige Ort, an dem du niemals suchen solltest, ist in deiner Branche. Scheiß drauf, was die ganzen anderen Clowns machen. Ignorier es, blende es aus; es hat nicht die geringste Bedeutung oder Relevanz. Du willst ja nicht mit den Wölfen heulen, du willst sie führen. Geh deinen eigenen Weg und erschaffe deinen eigenen Trend. Auf das zu achten, was andere Leute in deiner Branche machen, ist ein Ersatz für eigenes Denken. Und außerdem ist es der sicherste Weg zur – bestenfalls – Zweitrangigkeit.

Nimm dir Zeit für Langeweile. Kreative Menschen brauchen Zeiten, in denen sie gar nichts tun. Kreativität ist wie Schnecken jagen, man darf sie nicht drängen. Gib dir Zeit und Raum, lauf auf Strümpfen durch deine Wohnung oder nackt oder in Frauenkleidung oder in Männerkleidung. Total egal – mach einfach, was nötig ist, um geniale Ideen hervorzubringen. Gib dir Zeit für die Verjüngung und Erneuerung. Sei obsessiv und zwanghaft bei den Dingen, die du liebst, und erschaffe ein obsessives zwanghaftes Meisterwerk.

Du solltest auch Dinge tun, die dich selbst in Angst und Schrecken versetzen. Regelmäßig. Ich habe festgestellt, dass ich am brillantesten bin, wenn alles auf der Kippe steht. Adrenalinstöße sind eine viel zu wenig genutzte Geschäftsstrategie. Als Führungsteam haben Martin und ich Meetings abgehalten, bei denen wir in Norwegen mit Killerwalen schwammen, in Mexiko Strandbuggys fuhren und in Michigan unter dem Eis tauchten. Du musst dich permanent selbst an die Grenzen bringen, um neue Kulturen, Perspektiven und Herausforderungen anzunehmen.

Nur wenige tolle Konzepte entstehen aus der Bequemlichkeit heraus. Schaff eine unbequeme Zone. Denk außerhalb dessen, was du kennst und verstehst. Komfortzonen sind Orte, an denen durchschnittliche Leute mittelmäßige Dinge tun. Sobald dein Gehirn es bequem hat, nimmt es sich den restlichen Tag frei. Dein Kopf kann es sich in Routine und Alltag allzu gemütlich machen. Du musst es ihm unbehaglich machen und neue Perspektiven und schwierige Herausforderungen annehmen. Also ändere dein Umfeld, stimulier die grauen Zellen und lass es darauf ankommen. Nimm dir die Zeit, Inspirationen zu bekommen und dich selbst aus der Komfortzone hinauszudrängen. Die Ergebnisse werden dir gefallen.

Jeder Tag ist eine neue, leere Leinwand. *Carpe diem.*

KOMFORTZONEN SIND ORTE,
AN DENEN DURCHSCHNITTLICHE
LEUTE MITTELMÄSSIGE
DINGE TUN.

IMPERIEN ENTSTEHEN DURCH VERTRAUENSVORSCHUSS

Bleib in Bewegung. Wenn irgendjemand Stopp sagt, achte nicht darauf – der hat doch keine Ahnung – und mach weiter. Du musst immer und immer weitergehen. Wenn du nicht in Bewegung bist, hast du keinen blassen Schimmer, auf welchem Weg du dich befinden solltest.

Handeln schafft Klarheit, Proaktivität erzeugt Strategie und Bewegung enthüllt den Weg. Erinnerst du dich an die Stelle bei *Indiana Jones und der letzte Kreuzzug*, als Jones (ein altertumsbegeisterter Punk) großes Vertrauen aufbringen und auf einer unsichtbaren Brücke eine gewaltige Schlucht überqueren muss? Indys Weg scheint versperrt zu sein; er kann nicht umkehren und er kann nicht weiter, denn weiterzugehen würde bedeuten, in den Abgrund zu stürzen. Der einzige Ausweg ist der Tod, das dachte jedenfalls das Kinopublikum der 1980er-Jahre. Er muss einen mutigen Schritt ins Unbekannte machen. Er hat keine Option außer Handeln und nichts als seine eigene Überzeugung, um seine Zukunft zu retten. Er tritt vor, das Publikum zittert, Indy schneidet eine Grimasse, und als sein Fuß den Boden berührt, entsteht eine Brücke hinüber zur anderen Seite. Er wusste nicht, dass das passieren würde, aber er hat trotzdem einen gewaltigen Vertrauensvorschuss gegeben.

Was für einen fiktiven Helden der 1930er-Jahre gilt, gilt auch für ein Unternehmen des 21. Jahrhunderts. Du musst mit Vertrauen, Zuversicht und einer Machete große Schritte ins Unbekannte machen.

Ein Sprung ins Ungewisse verursacht zweierlei: Zum einen verschafft er Klarheit darüber, welche weiteren Handlungen du vornehmen solltest, zum anderen erzeugt er weitere Handlungen. Schaff daher eine Kultur des Handelns und eine Kultur der schnellen Bewegung innerhalb deines Unternehmens.

Bei BrewDog machen wir ständig Dinge ohne die geringste Vorstellung davon, ob sie funktionieren oder welche potenziellen Auswirkungen sie haben könnten. Wir warten nicht auf perfekte Lösungen, wir führen keine Forschungen durch, wir tun einfach, was sich richtig anfühlt, und glauben dann an unsere Fähigkeiten als Team, es funktionieren zu lassen. Indem wir handeln, erzielen wir die notwendige Klarheit für weiteres Handeln. Das erzeugt einen sich ständig beschleunigenden Wirbelsturm des Handelns, der unser Unternehmen vorantreibt.

Die Realität hat die uneingeschränkte Herrschaft. Alle Analysen, Mutmaßungen und Hypothesen der Welt sind nur arme und entfernte Verwandte der Realität. Sich nicht weiterzubewegen, keine kühnen Sprünge ins Ungewisse zu machen, bremst dein Unternehmen komplett aus und vergrößert den zeitlichen Abstand zwischen der Idee und den unschätzbar wertvollen Erkenntnissen des wirklichen Lebens.

Du wirst nicht immer das Richtige tun. Aber jedes Mal, wenn du dich bewegst, jedes Mal, wenn du eine mutige Entscheidung triffst, bringt dich das dem Weg, den du suchst, ein Stück näher. Das absolut Schlimmste, was du tun kannst, ist nichts.

In *Matrix* weiß Neo nicht, dass er der Auserwählte ist, bis sein Handeln ihn zum Auserwählten macht. Er muss ins Ungewisse springen. Dein Handeln bestimmt dein Schicksal. Wenn du dich nicht bewegst, und zwar schnell und zweckbestimmt, wird sich dir der Weg niemals offenbaren. Wenn du dich nicht bewegst, hast du niemals diesen strahlenden Moment, in dem du die Landkarte für dein Unternehmen vor deinem inneren Auge aufleuchten siehst.

Handeln, bewerten, verfeinern, wiederholen. Und wiederholen. Und wiederholen. Auch ein Schuss ins Ungewisse ist ein Schuss.

DAS ABSOLUT SCHLIMMSTE,
WAS DU TUN KANNST,
IST NICHTS.

ERST HANDELN, DANN DENKEN

Mit »Ja, aber …« kannst du dich selbst schachmatt setzen. Nur Scharlatane behandeln eine ungewisse Welt, als sei sie vorhersehbar. Langzeitplanung ist bloß eine Verschwendung von Ressourcen und geistiger Energie. Der sicherste Weg zu katastrophalem Scheitern ist, nicht zu handeln und keine Risiken einzugehen.

Bei BrewDog entstanden viele unserer größten Erfolge infolge von radikalen und raschen Strategiewechseln, die auf diverse riskante Einsätze zurückgingen. 2008 gingen wir ins Exportgeschäft, was für uns ein großer Sprung ins Ungewisse war, und entgegen aller Warnungen fingen wir auch an, Fassbier in unseren eigenen Fässern zu exportieren. Das war ein Desaster. Wir verloren eine Unmenge unserer Fässer, und diejenigen, die zurückkamen, brauchten dafür fast ein Jahr. Andererseits entdeckten wir, dass es eine riesige internationale Nachfrage nach unserem Fassbier gab. Aufgrund dieses Debakels waren wir gezwungen, eine wesentlich bessere Lösung zu finden, und wir wurden die Pioniere der recyclingfähigen Einweg-Fässer und die erste britische Brauerei, die KeyKegs verwendete. Inzwischen schicken wir jeden Monat 5000 dieser Fässer nach Übersee, und das ist ein wichtiger Teil unseres Geschäfts, der nur zustande kam, weil wir einfach ins kalte Wasser gesprungen waren, ohne die geringste Ahnung zu haben, was passieren würde.

Als wir mit der Produktion von Eisbier anfingen, warteten wir nicht ab, bis wir eine voll ausgereifte Theorie hatten, sondern legten los. Wir froren unsere Biere im Lagerhaus einer lokalen Eisfabrik ein, ehe wir einen Kühlcontainer an unsere Zwecke anpassten. Durch Versuch und Irrtum und nicht durch Kalkulationen und Modellrechnung verfeinerten wir unsere Methode immer weiter. Innerhalb weniger Monate waren wir dafür bekannt, die stärksten und aufregendsten Eisbiere der Welt zu brauen. Hätten wir auf eine perfekte Lösung gewartet, würden wir wohl immer noch warten. Wir haben uns einfach hineingestürzt und es gemacht. Dann haben wir es überarbeitet, uns wieder hineingestürzt und es noch besser gemacht.

Schieß zuerst, frag später nach und mach keine Gefangenen. Handle schnell und denke später. Deine Strategie muss im übergeordneten Modell deiner

Mission existieren. Sie muss sich herauskristallisieren, muss aufpoliert und feingeschliffen werden durch die tatsächlichen Maßnahmen, die du mitsamt deinem Team umsetzt. Ergreif die Initiative, mach was, irgendwas – Hauptsache, es geht weiter. Du kannst nicht auf perfekte Lösungen warten. Du musst ein dogmatischer Pragmatiker sein. Übernimm das Ethos der Realpolitik. Entscheide und handle.

Wir haben inzwischen über 40 BrewDog-Bars weltweit. Hätten wir nicht mit hohem Einsatz gespielt und die erste 2010 in Aberdeen eröffnet, dann hätten wir jetzt gar keine. Wir hatten keine Ahnung, was wir da taten, wir hatten noch nie eine Bar geführt, wir glaubten einfach an das Konzept und setzten ganz auf unsere eigene Fähigkeit, es zu schaffen.

Diese Entscheidung öffnete die Schleusen für eine wahre Sturzflut von Aktivitäten und Expansionen. Je mehr du handelst, desto mehr Chancen eröffnen sich. Handlungen bringen weitere Handlungen hervor. Nichtstun bringt nichts hervor. Also, du musst handeln. Doch berücksichtige bei deinen Handlungen auch all die anderen Ratschläge in diesem Buch. Was du tust, muss intelligent, nutzenbringend, gut verhandelt und kenntnisreich sein, und du musst dabei die Finanzen, die Unternehmenskultur und die Produktqualität fest im Griff haben. Und es muss schnell und unerbittlich sein.

Lass dich durch Risiken nicht vom Handeln abhalten. Es gibt immer ein Risiko. Und das sollte es auch. BrewDog war bis jetzt so erfolgreich, weil wir gnadenlos gleichgültig gegenüber Risiken sind und eine tödliche Abneigung gegen den Stillstand haben.

Die beste Möglichkeit, sich auf die Zukunft vorzubereiten, ist, sie zu schaffen.

GEH SCHNELL ODER GEH NACH HAUSE

Manche Leute finden, langsam ist gut. Wir finden, schnell ist besser. Geschwindigkeit verändert alles. Ein schneller Vorlauf in die Zukunft zeigt, dass es bald nur noch zwei Arten von Geschäften gibt: die schnellen und die toten.

Geschwindigkeit ist ein Spielveränderer. Sich mit hoher Geschwindigkeit bewegen zu können ist grundlegend. Während die anderen noch überlegen, bist du schon unterwegs und beschleunigst auf Lichtgeschwindigkeit. Der Wettbewerbsvorteil von Flexibilität und der Fähigkeit, etwas sehr rasch tun zu können, ist nicht zu überschätzen. Die meisten Firmen sind übermäßig bürokratisch, der Entscheidungsfindungsprozess ist kompliziert und schwerfällig. Du hast einen Vorteil, wenn du agil und reaktionsschnell bist. Geschwindigkeit ist der Schlüssel: Sie ist eine deiner schärfsten Waffen, wenn du die Welt verändern willst.

Bei BrewDog haben wir immer die Blitzkrieg-Methode angewendet. Wir haben unser Unternehmen auf sachkundigen Entscheidungen aufgebaut und diese schneller umgesetzt als ein Wiesel auf Speed. In den letzten vier Jahren waren wir das am schnellsten wachsende Unternehmen Großbritanniens.

Schnelligkeit ist ansteckend. Du musst sie in alles integrieren, was du tust. Sie muss deinem Team und deinem erweiterten Netzwerk eingepflanzt werden. Auch deine Lieferanten und Partner müssen blitzschnell sein. Sie müssen dein Tempo haben, nicht ihr eigenes. Wenn sie nicht Schritt halten können, ersetz sie durch andere, die das schaffen. Du musst die Geschwindigkeit bestimmen, in der sich dein Geschäft voranbewegt; du darfst dir das nicht von anderen diktieren lassen.

Wir haben ein paar Daten, die wir bei BrewDog verwenden, um unseren Mitarbeitern die Wichtigkeit von Tempo zu verdeutlichen.

DIESE TABELLE ZEIGT UNSER WACHSTUM ÜBER DIE LETZTEN SIEBEN JAHRE IM VERGLEICH ZU EINIGEN UNSERER AM SCHNELLSTEN WACHSENDEN BRANCHENMITBEWERBER:

	GEGRÜNDET	JAHR 7 (PRODUKTION IN HEKTOLITERN)	BARS	WACHSTUM (X-MAL LANGSAMER ALS BREWDOG)
BREWDOG	2007	89 000	25	0
BRAUEREI A	1994	21 500	1	7,1
BRAUEREI B	1980	19 000	1	7,7
BRAUEREI C	2000	8000	1	18,2
BRANCHEN-DURCHSCHNITT	VARI-ABEL	4000	0	36

Brauerei A und Brauerei B sind zwei der größten und am schnellsten wachsenden Brauereien in Amerika; Brauerei C ist eine der am schnellsten wachsenden in Großbritannien. Unser Wachstum bei BrewDog war ziemlich bemerkenswert, insbesondere wenn man es aus diesem Blickwinkel betrachtet. Vor diesem Hintergrund können wir die Bedeutsamkeit von Geschwindigkeit präzise formulieren.

Wir sind über siebenmal schneller gewachsen als die Brauereien A und B und über 18-mal schneller als Brauerei C. Das heißt, wenn wir bei einem Projekt eine Woche einsparen können, sparen wir sieben Wochen gegenüber unserem schnellsten Mitbewerber, Brauerei A, und sogar bemerkenswerte 36 Wochen gegenüber dem Branchendurchschnitt. Verglichen mit unserem am schnellsten wachsenden britischen Branchenmitbewerber können wir uns durch die Einsparung einer Woche ihm gegenüber einen 18-wöchigen Vorsprung verschaffen. Wenn wir bei einem Projekt einen Tag einsparen, liegen wir über sieben Wochen vor der restlichen Branche. Und wenn wir etwas um einen Monat vorziehen können, sind wir dem Branchendurchschnitt um drei Jahre voraus. Das bedeutet, dass es sich lohnt, um jeden einzelnen Tag zu kämpfen.

Ein weiterer Messwert, den wir verwenden, um die Wichtigkeit von Schnelligkeit für unser Geschäft zu verdeutlichen, ist eine kurze Analyse der Betriebskosten. Als wir angefangen haben, waren Betriebskosten für uns kein großes Thema; solange Martin und ich uns selbst und unseren Hund ernähren konnten, waren wir völlig zufrieden. Jetzt, mit einem Team von über 400 Personen und 50 Geschäftsniederlassungen, sind unsere Betriebskosten deutlich höher als ein paar Sandwiches, eine monatliche 400-Pfund-Überweisung an die Kommune und eine Tüte Hundekuchen. Mit Löhnen, Mieten, Versorgungsanschlüssen, Versicherungen und Finanzierungskosten liegen unsere Betriebskosten mittlerweile bei über 100 000 Pfund pro Arbeitstag.

Diese täglichen Betriebskosten müssen auf alle Projekte und Unternehmungen verteilt werden, die wir als Geschäft haben. Wenn wir also etwas einen Tag früher erledigen können, sparen wir einen Prozentsatz von 100 000 Pfund Betriebskosten. Wenn wir etwas eine Woche früher schaffen, sparen wir einen Prozentsatz von 500 000 Pfund, und wenn wir ein Projekt einen Monat früher realisieren können, wenn wir das Lieferdatum eines Lieferanten um einen Monat vorziehen oder ein neues Produkt oder eine neue Bar einen Monat früher an den Start bringen können, sparen wir einen Prozentsatz von zwei Millionen Pfund. Und all diese Ersparnisse können in das reinvestiert werden, was uns am Herzen liegt: unsere Mitarbeiter und unsere Biere.

Bei BrewDog setzen wir ständig alle Hebel in Bewegung, um all unsere Projekte so schnell wie möglich zu realisieren, und infolgedessen sind wir der gesamten Branche voraus und sparen obendrein eimerweise Geld.

DU MUSST DIE GESCHWINDIGKEIT BESTIMMEN, IN DER SICH DEIN GESCHÄFT VORANBEWEGT; DU DARFST DIR DAS NICHT VON ANDEREN DIKTIEREN LASSEN.

Ein rasches Tempo gibt dir die Möglichkeit, Gelegenheiten zu erkennen und zu nutzen, die deine Mitbewerber noch nicht mal sehen. Es lässt dich Ideen ausprobieren, und diese Ideen werden von greifbaren Erkenntnissen geprägt statt von Spekulationen. Die Welt um uns herum wandelt und verändert sich mit steigender Geschwindigkeit. Diejenigen Unternehmen und Organisationen, die relevant bleiben, sind diejenigen, die sich schnell genug bewegen können, um nicht nur am Ball, sondern auch ein gutes Stück voraus zu bleiben.

Ein reaktionsschnelles Unternehmen erzeugt eine energiegeladene Umgebung, in der sich talentierte, gleichgesinnte Leute gerne länger aufhalten. Als Geschäft agil, schlank und manövrierfähig zu sein, ist die Zukunft. Und wenn du mal etwas falsch machst – und das wird gelegentlich vorkommen –, kannst du die Dinge sehr schnell wieder geraderücken. Du musst viel weniger Angst vor Fehlern haben als vor Gelegenheiten, die du versäumt hast, weil du zu langsam warst.

Tritt das Gaspedal durch bis zum Anschlag. Langsam ist langweilig. Langsam ist tot. Langsam ist unbedeutend. Sei schnell!

EIN RASCHES TEMPO GIBT DIR DIE MÖGLICHKEIT, GELEGENHEITEN ZU ERKENNEN UND ZU NUTZEN, DIE DEINE MITBEWERBER NOCH NICHT MAL SEHEN.

VERGEBUNG STATT ERLAUBNIS

Zum Teufel mit Erlaubnis, wasch dich durch Vergebung von deinen Sünden rein! Wir führen unser Geschäft und unser Leben nach diesem Mantra. Du solltest es mal ausprobieren. Es gibt keine Garantie, aber glaub mir, so viel Spaß hast du noch nie gehabt. Und es bringt dich wirklich weiter.

Wir haben keine Erlaubnis eingeholt, ein Bild von Wladimir Putin auf unseren Etiketten zu verwenden. Wir haben keine Erlaubnis eingeholt, mit einem Panzer durch das Zentrum von London zu fahren. Wir haben keine Erlaubnis eingeholt, ein 45 Meter hohes Nacktbild von Martin und mir an das House of Parliament zu projizieren. Wir haben keine Erlaubnis eingeholt, ausgestopfte Katzen an Fallschirmen aus einem Helikopter über London abzuwerfen. Aber wir haben das alles trotzdem getan – und wir wurden nur zweimal verhaftet.

Steck dein Gewissen und deine Moralvorstellungen in eine Schublade, schließ sie ab, schmeiß den Schlüssel weg und mach mit bei der Revolution. Denn an irgendeinem Punkt wirst du Dinge tun müssen, von denen du weißt, dass du sie nicht tun solltest. Wir haben das auf jeden Fall getan. Wir haben es dadurch geschafft, unser Geschäft zu erweitern, mehr Mitarbeiter einzustellen und viel mehr zur Wirtschaftsentwicklung beizusteuern. Wenn irgendein sesselfurzender Bürokratentrottel dir Ärger macht, vor allem wenn du versuchst, die lokale Wirtschaft anzukurbeln und Leute in Lohn und Brot zu bringen, häng ihn einfach zum Trocknen auf die Leine. Aeternum vale, Trottel.

Also spring rein ins kalte Wasser und mach mit bei der progressiven Business-Bewegung. Wenn du auf Genehmigungen wartest, wartest du in alle Ewigkeit. Und die Ewigkeit ist ziemlich lang. Wenn du Ehrgeiz hast, dann musst du auch die Eier haben und einfach loslegen.

Als wir uns unserem vierten Geburtstag näherten, waren wir aus unserem Brauereigebäude in Fraserburgh rausgewachsen. Um mit der Nachfrage Schritt zu halten, mussten wir schneller denken und schneller handeln. Also stellten wir außerhalb des Gebäudes ein paar riesige 200-Hektoliter-Tanks auf (das sind jeweils rund 50 000 Flaschen reine fermentierte Großartigkeit). Warum bei einem aufhören, wenn genügend Platz für sechs da war? Wir haben nicht gefragt, wir haben nicht gewartet, wir haben es einfach getan. Eine Plangenehmigung hätte mindestens sechs Monate gedauert und komplizierte Regeln und Bedingungen enthalten. In der Zeit hätten wir wertvolle Verträge und noch wertvollere Zeit verloren. Abwarten hätte unserem langfristigen Wachstumspotenzial geschadet. Und das würden wir auf gar keinen Fall zulassen.

Wie zu erwarten war, wurden die örtlichen Sesselfurzerbehörden ziemlich zickig. Ich plädierte auf Unzurechnungsfähigkeit (also eigentlich auf Unwissenheit), daraufhin wurde die Pattsituation zu einem Rückzieher und verlor schließlich gänzlich an Schwung. Sie haben sich den Schneid abkaufen lassen, wir nicht. Und wenn sie versucht hätten, die Tanks abzumontieren, hätten sie eine Biersuffragette mitnehmen müssen – mich, in Unterhose an die Tanks gekettet.

Also behandle Regeln, Vorschriften und Bürokraten mit der kaltschnäuzigen Gleichgültigkeit, die sie verdienen. Konzentrier dich auf das, was du tun musst und wann du es tun musst. Warte auf nichts und niemanden. Warten ist was für Züge, Busse und ambitionslose Weicheier. Ein Geschäft muss sich drehen und in Bewegung bleiben. Erweitere dein Unternehmen, stell Leute ein, entlaste dein Geschäft und verteidige dich selbst.

Es gibt dabei allerdings eine Feinheit. Diese Strategie ist nicht ganz so riskant und leichtsinnig, wie sie klingt. Ich rede hier nicht einer unkontrollierten Gesetzlosigkeit nur um ihrer selbst willen. Du musst schon wissen, wie man das Spiel regelkonform spielt und wie genau diese Regeln funktionieren, um auch nur in Erwägung zu ziehen, sie zu übertreten. Du musst ganz genau wissen, welche Vorschriften du überschreiten kannst und welche nicht. Vergebung statt Genehmigung ist immer dann angesagt, wenn die Konsequenzen einer abgelehnten Genehmigung viel schlimmer wären als die Konsequenzen für dein Geschäft durch nicht sofort ergriffene Maßnahmen. Oder wenn du glaubst, die Sache zu deinen Gunsten wenden und mit den Konsequenzen leben zu können.

Die Philosophie des Nicht-nach-Erlaubnis-Fragens gilt auch für deine Mitarbeiter. Dein Team sollte von deinen Werten und deiner Kultur geleitet werden und nicht von Vorschriften und Regeln. Sie sollten die Vollmacht und die Autonomie haben, ihre Arbeit zu erledigen, und nicht um Erlaubnis bitten müssen, um Entscheidungen für das Fortkommen des Unternehmens zu treffen und umzusetzen.

Nur weil du etwas nicht darfst, heißt das noch lange nicht, dass du es auch nicht tun solltest. Lass dich nicht von pedantischen Bürokratenzombies in billigen Anzügen herumschubsen. Die Konsequenzen, etwas ohne Genehmigung zu tun, sind fast nie so schlimm, wie du glaubst. Also finde heraus, worin sie bestehen, und dann mach dein Ding.

Nicht um Erlaubnis zu fragen ist nicht nur eine Geschäftsstrategie, sondern auch eine Lebenseinstellung. Es geht nicht darum, Situationen auszunutzen, sondern zu wissen, wann man seine Freiräume erweitern muss. Es geht um die Erkenntnis, dass die überwiegende Mehrheit der Menschen aus Jasagern besteht, und manchmal musst du einfach etwas aufs Spiel setzen und auf die Konsequenzen scheißen.

LASS DICH NICHT VON PEDANTISCHEN BÜROKRATENZOMBIES IN BILLIGEN ANZÜGEN HERUMSCHUBSEN.

DIE NEUE CHAOSTHEORIE

»Chaos wohnt allen Dingen inne. Sei strebsam und eifrig.«

Buddha (glücklicher Punk)

Willkommen in der Irrenanstalt, nimm Platz, wir sind gleich für dich da. Wenn du schnelles Wachstum möchtest, mach dich bereit für ein bisschen Chaostheorie. Das Chaos ist dein Freund auf der Achterbahn zum Erfolg. Es ist eine Konstante. Und falls nicht, solltest du anfangen, dir Sorgen zu machen. Wenn du keinen gesunden Anteil Unordnung und inneres Durcheinander hast, gibst du dir nicht genug Mühe. Also streng dich mehr an. Anarchie und Tumult sind deine Kopiloten bei dieser verrückten Reise.

Schnelles Wachstum heißt, dass du ständig im Fluss bist. Jede Veränderung deines Geschäfts ist ein Sprung ins Ungewisse. Ein kleiner Schritt für dich, ein riesiger Sprung für dein Unternehmen. Neue Menschen, neue Partner, neue Systeme, neue Märkte, neue Produkte, neue Gebäude und neue Kunden. Es ist ein unaufhaltsames Riesenrad von Dingen, die alles, was du tust und wie du es tust, grundlegend verändern.

Dein Team sollte herumwirbeln, außer Kontrolle, aber in Reichweite des Joysticks. Wie Space Monkeys auf Steroiden.

CHAOS MACHT SÜCHTIG.

Bei BrewDog spielen wir Space Monkeys schon beim Frühstück. Im Chaos blühen wir auf; das ist unser Modus Operandi. Wir haben uns so an den Zustand ständigen Wandels gewöhnt, den unser Wachstum hervorruft, dass uns unheimlich wird, wenn wir gelegentlich und für einen kurzen Moment das Gefühl bekommen, alles unter Kontrolle zu haben. Glücklicherweise hält das nie lange an; schnell erleben wir den nächsten Asteroiden-Angriff und die Anarchie übernimmt wieder das Ruder.

Während der letzten zwölf Monate haben wir 15 neue Bars eröffnet, die ambitionierteste Crowdfunding-Kampagne der Welt angestoßen, eine neue 25 Millionen Pfund teure Brauerei gebaut, 60 neue Biere eingeführt, 350 neue Mitarbeiter eingestellt, ein neues betriebliches Softwaresystem eingeführt und über 10 000 neue Kunden in aller Welt hinzugewonnen. Ach ja, und wir haben angefangen, eine neue Brauerei in Amerika zu bauen. Wir sind süchtig nach Chaos.

Wir sind daran gewohnt, mit dem Chaos in unserem Unternehmen zu leben, und im Laufe der Jahre haben wir gelernt, dass es bestimmte Dinge gibt, die man tun muss, um eine energiegeladene, entscheidungsfreudige und proaktive Umgebung zu schaffen und nicht in einer desillusionierten, beliebigen Ochlokratie zu versinken.

Erstens musst du Schnelligkeit und Akzeptanz für das Chaos in deine Unternehmenskultur integrieren und darauf achten, dass du Menschen einstellst, die mit einer schnellen, hektischen und gelegentlich ungeordneten Umgebung klarkommen.

Zweitens ist Kommunikation absolut grundlegend und der Klebstoff, der während der Zeiten intensiven Wachstums alles zusammenhält. Ohne eine hervorragende Kommunikation wird ein gesundes Maß an Chaos schnell zu Durcheinander und Verwirrung. Du musst deine Mitarbeiter jederzeit so gut wie nur möglich auf dem Laufenden halten, damit sie sich sowohl für das im Unternehmen Geplante als auch für das bereits Erreichte begeistern können, denn beides dient als ausgezeichnete Motivation. Durch regelmäßige Updates kann jeder informiert und eingeschworen werden, sodass du mit einer geeinten Front über stürmische Meere segelst. Gewinnen kannst du nur im Team. Je mehr du darüber hinaus individuelle Beiträge anerkennst und sie in den Kontext der Gesamtzielsetzung und der Mission setzt, umso begeisterter und engagierter ist dein Team.

Drittens solltest du dir schnell angewöhnen, über die Wachstumskurve hinaus zu expandieren. Mach alles zu groß, stell Leute ein, bevor du sie brauchst, richte Systeme ein, ehe sie nötig werden statt hinterher, und schaff eine Infrastruktur für das, was du in zwei Jahren sein willst.

Und viertens musst du dich genauso sorgfältig um deine Finanzen kümmern, wie Captain Hook eine Kontaktlinse einsetzen würde. Die Finanzen deines Unternehmens sind die einzige Stelle, an der du kein Chaos dulden darfst. Während der Wachstumsschübe muss dir klar sein, dass der Gewinn nur auf dem Papier steht. Wenn du schnell wächst, explodiert auch dein Kapitalbedarf. Kannst du diesen Bedarf nicht decken, hast du verloren. Achte zudem sehr gewissenhaft darauf, deine Gewinnspanne zu schützen. Deine Profitmarge muss extrem solide sein, um das Wachstum zu ermöglichen und den Bedarf an Betriebskapital zu decken, mit dem du die Expansion jenseits der Wachstumskurve finanzierst.

Letztlich ist das Chaos dein Freund, aber kehre ihm niemals den Rücken zu. Das Chaos sollte immer vor dir liegen, wo du es im Auge hast. Unvermeidliches Chaos, Anarchie und Unordnung sind die Realität des Alltags in jedem schnell wachsenden Unternehmen. Lerne, damit zu leben, es zu akzeptieren und darin aufzublühen. Dein Team muss verstehen: Je näher ihr an die Sonne heranfliegt, desto größer sind eure Überlebenschancen und desto größer ist die Chance, dass ihr eure Mission erfüllt.

WENN DU KEINEN GESUNDEN ANTEIL UNORDNUNG UND INNERES DURCHEINANDER HAST, GIBST DU DIR NICHT GENUG MÜHE. ALSO STRENG DICH MEHR AN.

G

Im Kopf eines Business-Punks

TEIL G: IM KOPF EINES BUSINESS-PUNKS

»Eine Schwäche der Einstellung wird zu einer Schwäche des Charakters.«

Albert Einstein (Wissenschafts-Punk)

Jeder Verkauf kommt zu einem Ende. »G« steht für Go! Dieser Teil enthält die wichtigsten Philosophien, Einstellungen, Ambitionen und Regeln für den Business-Punk des 21. Jahrhunderts – und das bist du, also sperr die Ohren auf.

Es gibt Hunderte, wenn nicht gar Tausende Geschäftsstrategien. Ein wahrer Orkan, der eine niemals endende Orgie von Ideen herumwirbelt, ausgeheckt von Genies, Mittelmäßigen und Bekloppten. Diejenigen, die ich hier empfehle, funktionieren bei uns. Es ist eine bunte Mischung aus originellen, zusammengeschusterten, nachgemachten und neu erfundenen Ideen. Aber sie sind alle im wirklichen Leben erprobt. Sie wurden alle in die Praxis umgesetzt, und die Praxis findet da draußen wirklich statt.

Die richtige Einstellung ist entscheidend, sowohl für dich als auch für deine Mitarbeiter. Sie ist das Einzige, das du immer kontrollieren kannst, was die logische Schlussfolgerung zulässt, dass du ein Experte darin werden musst, sie zu kontrollieren.

Jedem einzelnen Unternehmen passiert jede Menge katastrophales Zeug. Wie du darauf reagierst, bestimmt dein Schicksal und deinen Platz in der Welt. Nur Idioten verschwenden ihre wertvolle Zeit und Energie damit, sich über Dinge zu sorgen, die völlig jenseits ihrer Kontrolle liegen. Konzentrier dich einfach auf das, was du kontrollieren kannst, und sorg dafür, dass du es bestmöglich im Griff hast.

Bei BrewDog waren wir noch nie risikoscheu. Das kann ein modernes Unternehmen auch gar nicht sein. Also gibt es Höhen und Tiefen, aber als ich es das letzte Mal überprüft habe, hatten wir immer noch einen Puls. Also lies weiter, lade durch, komm in die Gänge und erfinde deine Welt ganz neu.

Es ist Zeit, etwas aufs Spiel zu setzen, Zeit, für etwas zu leben oder zu sterben, an das du glaubst. Das ist die Währung in meiner Welt, der Schlüssel zum Safe und das Passwort zum Überleben.

Das Leben ist hart – mach dich bereit und wappne dich, sonst gehst du unter.

NUR IDIOTEN VERSCHWENDEN IHRE WERTVOLLE ZEIT UND ENERGIE DAMIT, SICH ÜBER DINGE ZU SORGEN, DIE VÖLLIG JENSEITS IHRER KONTROLLE LIEGEN.

ZYNISCHER OPTIMISMUS

Es wird Schwierigkeiten geben. Bedrohliche Situationen kommen aus allen Ecken auf dich zu. Du wirst eine Menge Herausforderungen bewältigen müssen. Bleib entschlossen und bleib optimistisch. Bleib fokussiert und biete allen Herausforderungen die Stirn. Bewahre dir einen unerschütterlichen Glauben an dich selbst, an dein Team und an deine Mission.

Entscheidend ist allerdings, dass dies kein blinder Glaube ist. Es soll keine Karikatur eines heiteren Optimismus sein. Das beschwingte Vertrauen soll dich nicht dazu verleiten, gutgläubig blind für echte Probleme zu sein. Der Optimismus soll dich nicht davon abhalten, tagtäglich deine größten Herausforderungen zu erkennen und dich damit auseinanderzusetzen. Den Glauben an deinen Erfolg zu bewahren und gleichzeitig die Selbstdisziplin zu besitzen, um auch den brutalsten Tatsachen deiner gegenwärtigen Situation ins Auge zu sehen, ist eine hervorragende Kombination. Verbinde strahlenden Optimismus mit gnadenlosem Pragmatismus.

Also, wie gehst du mit deinen Herausforderungen um? Du knallst sie nicht mit einer abgesägten Schrotflinte ab, sondern du machst eine Liste. Hä? Eine Liste? Ja – eine kurze. Sagen wir mal, mit fünf Stichpunkten. Schreib deine fünf größten Probleme auf, setz dich mit deinen Mitarbeitern zusammen und dann löst ihr sie gemeinsam. Und dann die nächsten fünf.

Jede Woche schreibe ich eine Liste mit den fünf drängendsten Problemen, hänge sie an die Wand und starre sie so lange und mit so stählerner Entschlossenheit an, dass sie sich mir in die Netzhaut einbrennt. Und dann tue ich alles in meiner Macht Stehende, um diese Probleme zu lösen. Wir halten auch 14-tägige Führungsmeetings ab, bei denen jedes Mitglied unseres Führungsteams eine Liste der aus seiner Sicht größten aktuellen Probleme vorbereitet. Wir verstecken uns niemals. Wir gehen all unsere Probleme energisch und mit unbeugsamer Entschiedenheit an. Das heißt, dass wir fortwährend jedes Element unserer Aktivitäten verbessern. Kein Unternehmen kann es sich leisten, nicht mehr die ständige Verbesserung anzustreben. Die schwungvolle und entschlossene Konzentration auf Probleme und Herausforderungen unterstützt dich dabei. Jedes Unternehmen in jedem

Bereich steht einer Menge Ärgernissen, Problemen und Schwierigkeiten gegenüber. Der Erfolg einer Firma bemisst sich nicht daran, wie vielen Herausforderungen sie begegnet. Eine Firma wird daran gemessen, wie sie die Hindernisse auf ihrem Weg wahrnimmt und beseitigt.

Die eine Hälfte des Geheimnisses liegt darin, die Probleme überhaupt erst zu erkennen, und die andere Hälfte ist die Disziplin, sie sich regelmäßig einzugestehen und sie anzugehen. Diese Disziplin fördert auch das Talent, potenzielle Schwierigkeiten zu erkennen, ehe sie sich in ausgewachsene Probleme verwandeln. Identifizieren, gewichten, beleuchten und beseitigen.

Es ist nur zu einfach, sich auf die großen Dinge zu konzentrieren (von denen es genügend gibt) und alle Probleme unter den Teppich zu kehren. Immer gibt es die Verlockung, sich nur auf das Positive zu konzentrieren, die Erfolge, die Gewinne, das Wachstum. Doch so wichtig sie auch sind, du darfst dabei nicht den Blick auf die Herausforderungen verlieren. Wenn du sie ignorierst oder ihnen gegenüber blind bist, bekommen sie Arme und Beine, schnappen sich einen Baseballschläger und versetzen dir und deinem Unternehmen eine Tracht Prügel, die du so schnell nicht vergessen wirst. Ein einziges übersehenes Problem hat das Potenzial zu mutieren und so groß zu werden, dass es mühelos deine Firma vernichten kann.

Durch eine ständige Überwachung und das proaktive Erkennen der brutalsten Fakten über deine aktuelle Situation kannst du Wege finden, sie zu lösen oder, besser noch, in Chancen zu verwandeln. Du kannst es dir einfach nicht leisten, den Kopf in den Sand zu stecken. Selige Ignoranz oder bewusste Naivität sind das Rezept für eine Geschäftskatastrophe.

Du musst eine schizophrene Mischung aus totalem Vertrauen in deine Mission und einem totalitären, pragmatischen Realismus an den Tag legen, wenn es darum geht, jederzeit die drängendsten und kompliziertesten Schwierigkeiten anzugehen, denen dein Unternehmen ausgesetzt ist. Kurz gesagt, du musst ein zynischer Optimist sein.

Bewahre dein Vertrauen und sieh den Schwierigkeiten ins Auge.

DAS PROBLEM IST NIE DAS PROBLEM

»Man kann niemals etwas verändern, indem man die existierende Realität bekämpft. Um etwas zu verändern, muss man ein neues Modell schaffen, welches das existierende Modell obsolet macht.«

Buckminster Fuller (Systemtheorie-Punk)

Das Leben ist nicht leicht und ein erfolgreiches Geschäft aufzubauen ist noch viel, viel schwerer. Aber es soll ja auch schwer sein. Wenn es leicht wäre, würde es jeder machen, und Erfolg hätte keinerlei Bedeutung mehr. Probleme sind Hindernisse, die du auf deinem Weg zum Aufbau eines Imperiums überwinden musst. Tausende Probleme werden dir in den kommenden Monaten und Jahren begegnen. Jay Z kann ein Lied davon singen. Er hatte genau 99 Probleme, seine Schlampe nicht mit eingerechnet. Während ich dies schreibe, habe ich 32 Probleme, von denen ebenfalls keins schlampenbedingt ist.

Interne Probleme schnell und effizient zu lösen hat immer etwas damit zu tun, dem Warum und dem Was auf den Grund zu gehen. Du musst begreifen, warum das Problem auftaucht und was es verursacht. Du musst zur Wurzel vordringen. Wenn du es nicht bei den Wurzeln packst, ist das so, als würdest du Heftpflaster aufkleben, nachdem du von einem Löwen zerfleischt worden bist. Grüble nicht pausenlos über die Auswirkungen nach, sondern such nach der Wurzel und beheb das Problem. Lade durch und feuere aus allen Rohren auf den Löwen. Wenn du die Ursache nicht behebst, verschleierst du nur die Symptome.

Bei externen Problemen gilt genau dasselbe. Suche das Warum, und dann setz all deine nagelneuen Verhandlungstechniken ein, um sie zur Strecke zu bringen. Überzeug die Gegenseite, den Stacheldraht wegzunehmen, während du vordringst. Wenn du das Warum nicht erkennst, jagst du nur deinen eigenen Schwanz wie ein verrückter Hund. Überzeug die Gegenseite, dass es im allseitigen Interesse ist zu verändern, was immer das Problem verursacht. Beheb es, verhandle es, erfinde es neu. Tu, was immer nötig ist, um die Sache aus der Welt zu schaffen.

Wenn du dem Warum nicht auf den Grund gehen kannst, welches das Problem verankert, kannst du es auch nicht lösen. Und wenn du Probleme nicht effizient lösen kannst, kannst du dein Unternehmen nicht effizient managen und führen. Probleme müssen schnell gelöst werden, sonst laugen sie dich aus. Bei einem Marathon würdest du ja auch nicht bis zum 20. Kilometer warten, ehe du ein Steinchen aus deinem Schuh schüttelst.

DIE EINSTELLUNG MACHT DEN UNTERSCHIED AUS ZWISCHEN RÜCKSCHLAG UND ABENTEUER.

Die Einstellung eines Menschen zu einem Problem verrät dir sehr viel über ihn. Du kannst nur herausfinden, wie jemand wirklich gestrickt ist, wenn es schwierig wird, wenn etwas richtig schiefläuft oder wenn er mit einem echten Problem konfrontiert wird. Als Führungskraft solltest du dankbar dafür sein, wenn etwas schiefläuft oder wenn du großen Schwierigkeiten begegnest, denn diese Gelegenheiten lassen dich erkennen, wie deine Mitarbeiter tatsächlich ticken.

Probleme existieren eigentlich nur in der Vorstellung von Leuten, die nicht dazu in der Lage sind, die Initiative zu ergreifen und etwas zu bewirken. Die besten Leute sehen Probleme immer als Chance zu glänzen, als willkommene Gelegenheit, ihre Qualifikation herauszustreichen und der Welt einfach mal zu zeigen, was sie so alles draufhaben. Das Problem ist nie das Problem. Das echte Problem ist immer die Einstellung der Leute zum Problem.

Die Einstellung macht den Unterschied aus zwischen Rückschlag und Abenteuer.

BEWEISMATERIAL: PROTEST FÜR PUNKS

Im Jahr 2011 wollten wir in unseren Craft-Beer-Bars Zwei-Drittel-Pints ausschenken, weil wir fanden, dass diese Größe perfekt geeignet sei, um unsere stärkeren, komplexeren Brauerzeugnisse zu präsentieren. Doch aufgrund eines 300 Jahre alten Ausschankgesetzes war es in Großbritannien verboten, Bier in Gläsern dieser Größe zu verkaufen. Erfolglos schrieben wir Briefe an das Parlament und an lobbyistische Politiker. Wir ließen uns nicht abschrecken und blieben fest entschlossen, diesem Problem auf den Grund zu gehen und es zu lösen.

Wir leiteten daraufhin den kleinsten Protest der Welt ein, um die albernen Gesetze abzuschaffen, die verhinderten, dass Bier in Zwei-Drittel-Pints ausgeschenkt werden konnte. Wir engagierten einen Kleinwüchsigen, der in Westminster einen einwöchigen Protest durchführte mit der Forderung, in britischen Bars das Zwei-Drittel-Pint einzuführen. Der Kleinwüchsige hatte im Laufe der Woche verschiedene Transparente dabei, darunter eines mit der Aufschrift »Small for all« und ein anderes mit »Size matters«, und er wurde sogar von der Polizei verhaftet.

Trotzdem blies unser winziger Protest den Staub von unseren altertümlichen Ausschankgesetzen und erwirkte den ersten Wandel für den Verkauf von Fassbier seit über drei Jahrhunderten. Zwei-Drittel-Pints sind die perfekte Größe für handwerkliche Biere und wirken nicht nur übermäßigem Alkoholgenuss entgegen, sondern erschließen der Craft-Beer-Revolution auch neue Zielgruppen.

Die klitzekleine Demonstration ließ uns einen weiteren Skalp in Form von veralteten Ausschankregeln fordern. Das war nicht weniger als ein Meilenstein-Sieg für BrewDog. Das Zwei-Drittel-Pint bedeutet, dass britische Biertrinker gewagte und kreative Biere verantwortungsvoll genießen können – wir wussten das und haben dafür gesorgt, dass die Regierung es auch kapierte.

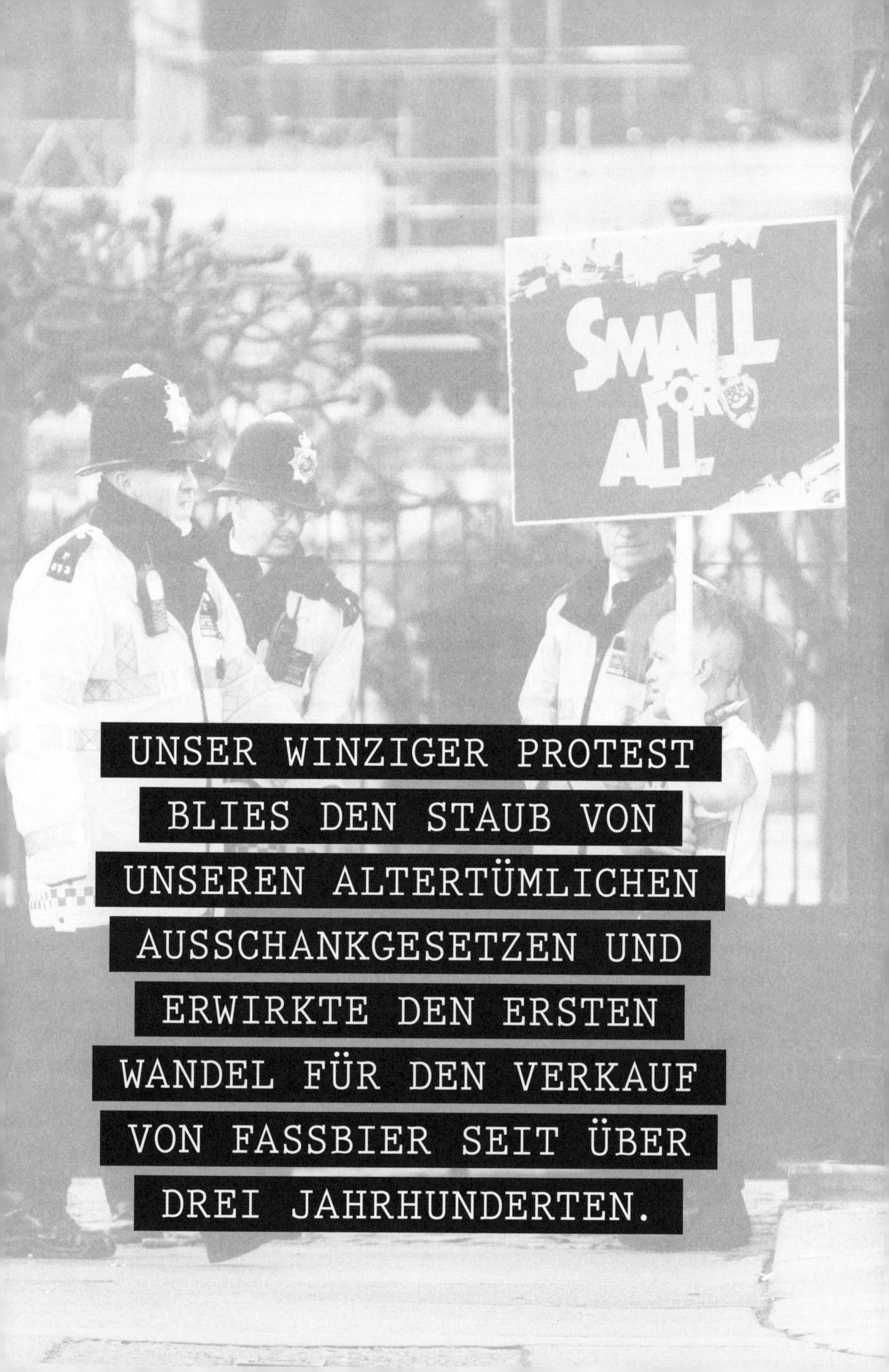

UNSER WINZIGER PROTEST BLIES DEN STAUB VON UNSEREN ALTERTÜMLICHEN AUSSCHANKGESETZEN UND ERWIRKTE DEN ERSTEN WANDEL FÜR DEN VERKAUF VON FASSBIER SEIT ÜBER DREI JAHRHUNDERTEN.

NETZWERKEN IST WAS FÜR IDIOTEN

Netzwerken ist wirklich was für Idioten, berauscht von der Illusion ihrer eigenen Bedeutsamkeit. Sie füttern ihre zerbrechlichen Egos mit lauwarmen Canapés, billigem Champagner und Schulterklopfen ihrer Idiotenkollegen. Verzweifelt klammern sie sich an die Vorstellung, dass sie nicht nur wichtig und bedeutsam sind, sondern auch irgendwie begünstigt, nur weil sie an einer so angesehenen Versammlung von Mitidioten teilhaben dürfen. Netzwerk-Events sind nichts anderes als eine Maßnahme der alten, zerbröckelnden etablierten Ordnung, an den Überresten ihres sich rasch auflösenden Status quo festzuhalten.

Im Geschäftsleben geht es glücklicherweise nicht mehr darum, wen man kennt. Es geht völlig zu Recht darum, wie gut man ist. Das Spielfeld ist jetzt eingeebnet, die Barrieren sind verschwunden, die schleimige, aufgeblasene Business-Bourgeoisie hat nicht mehr die Macht oder die Antwort auf alles. Was bedeutet, dass es absolut keinen Grund gibt, seine Zeit damit zu verschwenden, mit ihnen oder sonst irgendjemandem zu netzwerken. Unternehmen, die auf Netzwerken fußen, sind zum Scheitern verurteilt. Sie scheitern schnell, und sie scheitern massiv.

Selbst Netzwerktreffen ohne die alte Garde sind eine grenzenlose Zeitverschwendung. Möchtegerns stolzieren herum, als hätten sie es geschafft, und bemühen sich, sehr viel klüger, größer und besser zu erscheinen, als sie tatsächlich sind. Leute, die sich auf hohles Gequatsche spezialisiert haben, aber null Ergebnisse liefern. Jeder versucht krampfhaft, allen anderen den Eindruck zu vermitteln, dass er der Erfolgreichste ist. Es ist, als würde man lauter gigantische Egos nehmen und sie zusammen mit einer großzügigen Portion TNT in einen Teilchenbeschleuniger stecken.

Während also die Idioten, Ratten und Möchtegerns sich gegenseitig das Ego massieren, solltest du bereits deine Rache planen. Nicht speziell an ihnen, sondern an dem System, das solche Schwachköpfe hervorgebracht hat. Plane im Stillen, den Status quo in die Luft zu jagen und eine ganz neue Weltordnung zu schaffen. Plane, wie du jeden einzelnen Aspekt von allem, was du tust, besser, stärker, schneller und brillanter machen kannst.

Es kommt nicht mehr darauf an, wen du kennst. Wenn du talentiert und clever bist, werden die Leute dich schon kennenlernen. Verbring deine Zeit damit, dein eigenes Geschäft zu verbessern. Mittelmäßige Pastetchen sind optional.

UNTERNEHMEN, DIE AUF NETZWERKEN FUSSEN, SIND ZUM SCHEITERN VERURTEILT. SIE SCHEITERN SCHNELL, UND SIE SCHEITERN MASSIV.

VERSCHAFF DIR GEHÖR

Du musst ein Kommunikationsgenie sein oder solltest wenigstens einen Doktortitel darin haben. Wenn du kein guter Kommunikator bist, dann lass mich dir jetzt mal was kommunizieren: Du verschwendest einfach nur jedermanns Zeit. Sofern du nicht den Status eines Orakels besitzt, hast du keine Chance, dein Team unter einen Hut zu bringen, andere Menschen für das zu begeistern, was du tust, oder erfolgreich zu verhandeln.

Das Problem ist, dass jeder Vollpfosten glaubt, er wäre gut in Kommunikation. Die Wahrheit ist, dass dies nur auf sehr wenige Menschen zutrifft. In deinem Kopf ergibt alles, was du sagst, absolut Sinn; das Schwierige an der Sache ist bloß, dass es auch diejenigen begreifen müssen, mit denen du redest.

Das Wichtigste ist, klar zu argumentieren, die Dinge beim Namen zu nennen, und das auf mitreißende Weise zu tun. Mehr als die Hälfte aller Kommunikation ist mehrdeutig. Wenn du Mehrdeutigkeit oder Fehlinterpretationen die Tür öffnest, lässt du auch Zweifel ein. Und dann hast du echt ein Problem am Arsch.

Also mach deine Hausaufgaben und nimm dir die Zeit, um hervorragende Kommunikation zu gewährleisten, egal in welchem Medium. Du solltest dich beim Kommunizieren immer in die Perspektive des Gegenübers hineinversetzen. Mach dir Gedanken darüber, was du sagst und wie du es sagst. Möglicherweise ist das der langweiligste Ratschlag in diesem Buch. Aber ein Vorgesetzter, der dafür sorgt, dass er präzise und unzweideutig kommuniziert, ist millionenfach erfolgreicher als ein Vorgesetzter, den seine Mitarbeiter nur ab und zu mal verstehen. Denk daran: Zeit ist Geld und Klarheit bringt dein Geschäft voran.

Ein entscheidender Bestandteil der Kommunikation ist das Wie. Persönlich ist immer am besten; die zweitbeste Lösung ist ein Telefonat. Weit abgeschlagen an dritter Stelle rangiert die E-Mail, die nur noch von der Brieftaube gefolgt wird. Und wenn du eine E-Mail verschickst, lies sie immer noch zweimal durch und betrachte jedes Wort aus der Perspektive des Empfängers. Wenn du dafür keine Zeit hast, hast du auch keine Zeit, eine E-Mail zu verschicken.

In einer halbstündigen persönlichen Begegnung kann man eine viel stärkere Bindung schaffen, als wenn man ein Jahr lang E-Mails schreibt. Sieh dem anderen in die Augen und sprich Klartext. Bau einen Dialog und ein harmonisches Verhältnis auf, und du fängst an, eine Bindung aufzubauen. Je enger die Bindung, desto größer das Nutzenpotenzial.

E-Mails führen zu erschöpfter Lethargie. Welche E-Mail? Hab ich nicht bekommen. Sie werden nicht gelesen, sie werden falsch gelesen oder gelöscht. Es ist ein grundlegender Fehler zu glauben, etwas sei erledigt, nur weil du eine E-Mail geschickt hast. Und es ist total leicht, sich von einer vollkommen harmlosen und wohlmeinenden E-Mail beleidigt zu fühlen, nur weil man sie mit einem gefühlten Unterton liest. Also triff Menschen, ruf Menschen an, kommuniziere über FaceTime oder Skype mit ihnen. Verschick so wenige E-Mails wie möglich. Im Ergebnis wächst dein Unternehmen stärker und schneller.

Es versteht sich von selbst, und ich weiß, dass du es weißt, aber ich sage es trotzdem. Schick diese verdammte E-Mail nicht ab. Welche? Die E-Mail, die du geschrieben hast, als dir Rauch aus den Nasenlöchern quoll und du gebrüllt hast wie Tarzan. Das wäre ein monumentaler Fehler. Es kann das Vertrauen und Wohlwollen jahrelanger Bemühungen zerstören und wirkt sich in den meisten Fällen schädlich auf Engagement und Moral aus. Behandle Konflikte und Probleme immer ruhig und persönlich. Niemals per E-Mail.

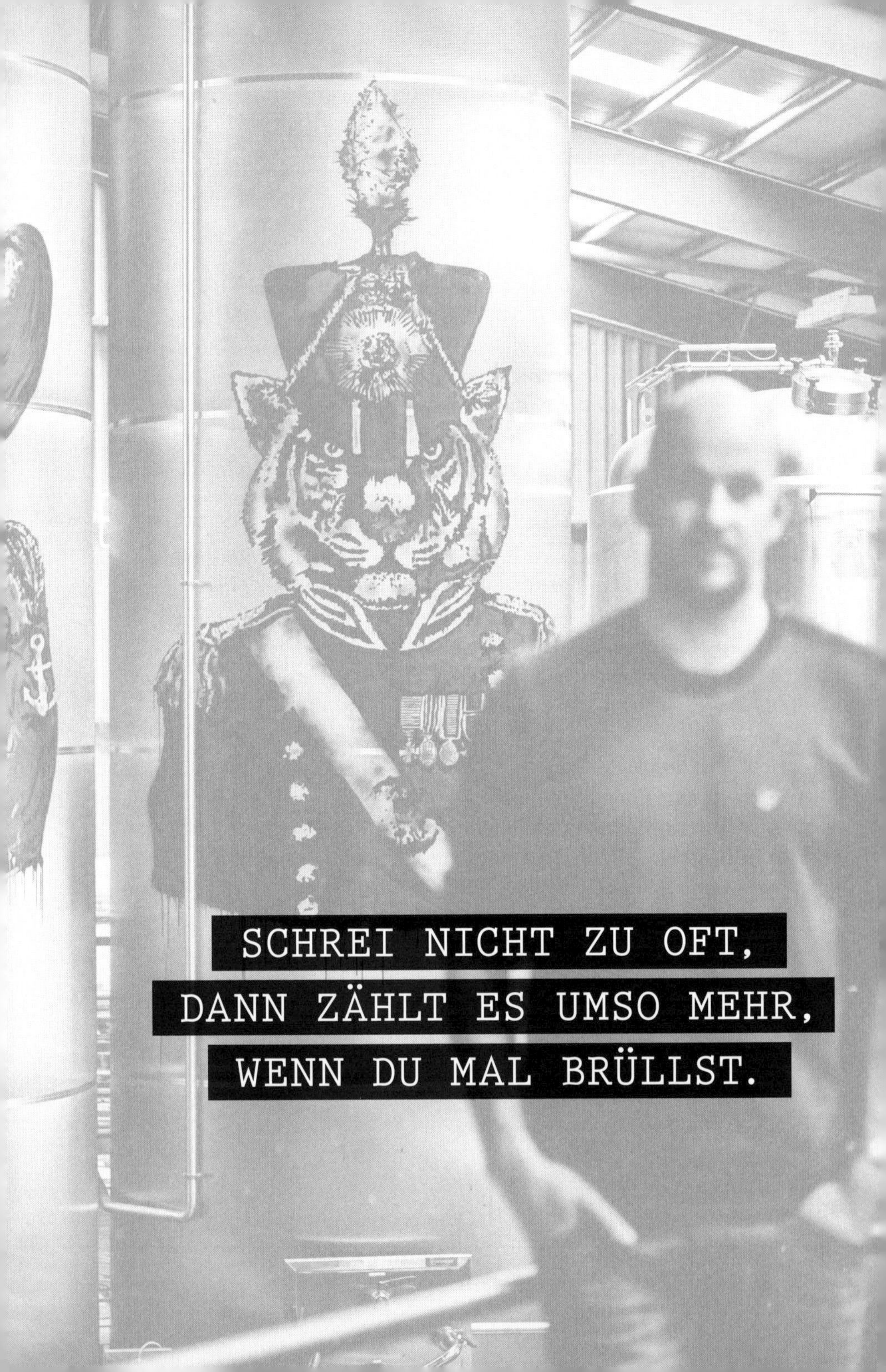
SCHREI NICHT ZU OFT,
DANN ZÄHLT ES UMSO MEHR,
WENN DU MAL BRÜLLST.

DIE MENSCHLICHE AUFNAHMEFÄHIGKEIT MAXIMIEREN

Das weiter oben diskutierte Konzept der Alternativkosten ist auch für die Geschäftspsychologie maßgeblich. Du kannst nur ein begrenztes Maß an Aufmerksamkeit erlangen, also musst du klug damit umgehen.

Wende die Alternativkosten auch auf die Aufnahmefähigkeit anderer an. Jeder besitzt Aufnahmefähigkeit, und jeder hat viel zu viel auf dem Schirm, das um seine Aufmerksamkeit buhlt. Vom Geschäftskunden bis zum Journalisten, vom Mitarbeiter bis zum Konsumenten, deine potenzielle Reichweite ist begrenzt. Und je mehr du in diese begrenzte Aufnahmefähigkeit hineinzupressen versuchst, umso weniger Wirkung erzielst du, denn das Gesetz des abnehmenden Ertrags wird hier zu einem echten Hindernis. Alle schreien so lange von neuen Produkten, neuen Pressemitteilungen, neuen Ideen, neuem Feedback, bis keiner mehr zuhört. Schrei nicht zu oft, dann zählt es umso mehr, wenn du mal brüllst.

Zum Beispiel hat jede Pressemitteilung, die du an Journalisten schickst, ihre Alternativkosten. Ein Journalist wird nur bis zu einem gewissen Grad über ein Unternehmen oder ein Projekt berichten: Je mehr Informationen du ihm schickst, umso weniger aufnahmebereit ist er für diese Informationen. Im Vorfeld einer großen Ankündigung oder eines Events bei BrewDog bleiben wir immer einige Monate lang still, damit die Medien bereit und hungrig genug sind, unserem großen Wurf die maximale Sichtbarkeit zu geben. Wir beschränken uns auch auf vier wirklich große Ankündigungen pro Jahr.

Kunden haben nur eine begrenzte Aufnahmebereitschaft für neue Produkte. Zu viele Produkteinführungen, zu viele Produktoptionen führen lediglich zu genervten und überforderten Kunden. Wir minimieren unsere Bier-Sonderauflagen, um die Wirkung jeder einzelnen zu maximieren.

Jedes Feedback, das du deinem Team gibst, ob positiv oder negativ, impliziert auch Alternativkosten. Es gibt eine Grenze, von der an das Lob, mit dem du einen Mitarbeiter bedenkst, hohl und wertlos wird, und es gibt eine Grenze, von der an deine konstruktive Kritik ihre nutzenbringende Komponente verliert. Überschütte deine Mitarbeiter nicht mit Feedback. Melde ihnen stattdessen die Dinge zurück, die für die Entwicklung deines Geschäfts am wichtigsten sind.

Personelle Opportunitäten sollten auch deine Einstellungsstrategie bestimmen. Wenn ein Start-up oder ein Kleinunternehmen jemanden einstellt, zum Beispiel einen Buchhalter, bedeutet das gleichzeitig, dass kein anderer eingestellt werden kann, beispielsweise ein Auslieferungsfahrer, Marketingfachmann oder Logistikleiter. Du musst dein Team sorgfältig aufbauen, um die Wirksamkeit jeder einzelnen Personalentscheidung zu maximieren.*

Auch das Zeitmanagement ist ein Bereich, in dem das Alternativkostenkonzept konsequent angewendet werden sollte. Wenn du etwas tust, heißt das, dass du nichts anderes tun kannst. Sorg also dafür, dass du deine Zeit für die wichtigsten Dinge aufwendest.

Die Zeit und der Raum, die dir in der Aufmerksamkeit eines anderen eingeräumt werden, solltest du als wertvolle Ressourcen schätzen, denn genau das sind sie. Vergeude sie nicht wie ein Trottel.

* *Halte dich zurück, wenn es darum geht, andere Finanzkonzepte auf Menschen zu übertragen. Meiner Erfahrung nach finden es wichtige Teammitglieder nicht so toll, wenn sie linear abgeschrieben werden.*

BEHALTE DEN BALL IM AUGE

Du brauchst Ziele; du brauchst etwas, worauf du schießen kannst. Außerdem brauchst du einen Haufen Messwerte, damit du weißt, ob du auf dem richtigen Weg bist, und jederzeit die allgemeine Gesundheit deines Unternehmens einschätzen kannst. Das ist eine grundlegende Anforderung, die du auf dem Weg zur Weltherrschaft erfüllen musst. Geschäftige Idioten werden schnell zu arbeitslosen Idioten. Wenn etwas nicht kontrolliert und gemessen wird, dann wird es nicht effektiv gehandhabt. Schnell wachsende kleine Unternehmen sind seltsame Orte und dir kann schnell was durchrutschen. Sorg dafür, dass es sich dabei nicht um etwas wirklich Wichtiges handelt, indem du die grundlegenden Dinge misst und nachverfolgst. Denn wenn du das nicht tust, fällt dir das auf die Füße.

Wenn du auf den Mond zielst, ist es leicht, die näher gelegenen Dinge aus den Augen zu verlieren. Aber es ist unerlässlich, allmonatlich mindestens die zehn wichtigsten Leistungsparameter deiner Firma zu erfassen. Tust du das nicht, kommst du rasch vom Kurs ab, und dann hast du nicht mehr die geringste Chance, einen Plan zur Korrektur deiner Flugbahn zu entwickeln. Und wenn du deine Finanzen nicht sehr engmaschig kontrollierst, gibt es keine Möglichkeit auf dieser Welt (und auf allen anderen) zu beurteilen, ob sie für deine neuesten Maßnahmen ausreichen. Die Auswirkungen auf dein Unternehmen erkennst du erst, wenn es zu spät ist. Ausweglos.

Wenn etwas für dein Business von Bedeutung ist – Bruttogewinnspanne, Zahl der Kundenbeschwerden, Mitarbeiterbindung, Versandgenauigkeit, Kapitalintensität, Wechselkurse, Produktionsverluste, flächenbereinigtes Umsatzwachstum, Verhältnis von Verkäufen zu Vermietungen, Nettogewinn, Ergebnis vor Steuern oder eine Reihe anderer Faktoren –, musst du es häufig messen und beobachten. Das gilt auch dann, wenn du gerade erst angefangen hast und es inkonsequent erscheint; die Disziplin wird dir gute Dienste erweisen. Wenn du erst mal angefangen hast, etwas zu überwachen, kannst du es auch verbessern.

Wie Peter Drucker sagte: »Was gemessen wird, wird auch gesteuert.« In diesem Zitat liegt eine Menge ungenutzter Kraft. Die einfache Tatsache, dass du einer Angelegenheit intensive Beachtung schenkst, lässt dich nie erkannte Verbindungen herstellen, vermittelt dir ungeahnte Erkenntnisse und lässt dich mühelos Dinge verbessern, die für dein Unternehmen entscheidend sind.

Wenn es darum geht, die Leistung zu messen, die wichtigsten Aspekte nachzuverfolgen und den Ball im Auge zu behalten, heißt die erste Maßnahme immer monatliche Buchführung. Die sorgt recht gut dafür, dass all deine finanziellen Schlüsselwerte nachverfolgt, eingehalten und gesteuert werden. Auf der grundlegendsten Ebene gibt die monatliche Buchführung dir wenigstens die Chance, dein Unternehmen unter Kontrolle zu halten. Ohne sie bist du bereits ein hoffnungsloser Fall. Nur allein durch eine monatliche Buchführung wirst du die Welt ganz sicher noch nicht verändern, aber ohne sie veränderst du sie erst recht nicht.

Du brauchst aber nicht nur eine monatliche Buchführung (auch als Gewinn-und-Verlust-Rechnung bekannt), sondern du musst sie auch innerhalb von sieben Tagen zum Monatsende fertig haben. Viele Unternehmen warten damit so lange, dass sie die darin enthaltenen Informationen nicht mehr für effektive Entscheidungen nutzen können. Was deine Buchführung angeht, solltest du auf jeden Fall die Verkaufszahlen, den Wareneinsatz, die Betriebskosten, die Bruttogewinnmarge, das Ergebnis vor Steuern und den Nettogewinn nachverfolgen. Auch einige Posten deiner Bilanz musst du regelmäßig und in kurzen Abständen überprüfen, darunter Debitoren, Kreditoren und, was am wichtigsten ist, den Kassenstand.

Darüber hinaus solltest du noch weitere KPIs (Key Performance Indicators) kontrollieren, je nachdem, was für dein Unternehmen und deinen gegenwärtigen Schwerpunkt von Wichtigkeit ist. Beispielsweise solltest du in Erwägung ziehen, die folgenden Werte nachzuprüfen: durchschnittliche Transaktionskosten, Mitarbeiterfluktuation, Kundenbeschwerden, Empfehlungen, Versandgenauigkeit, Sortiment, Vergütungen, Schwundmengen, Umsatzwachstum, Kundenzuwachs, Online-Aktivität oder Mitarbeiterzufriedenheit (um nur einige zu nennen). Welche Punkte du genauer kontrollierst, hängt wirklich von deinem Unternehmen und deinen Zielen ab.

Bei BrewDog stellen wir ein monatliches Paket zusammen, das unsere gesamte Finanzberichterstattung enthält in Form unserer Kontenverwaltung und Bilanz, zusammen mit weiteren wichtigen Werten, die wir nachverfolgen, darunter flächenbereinigtes Umsatzwachstum in unseren Bars, Daten zu unseren größten Kunden, Durchschnittswert pro Lieferung, Mitarbeiterfluktuation, durchschnittliche Bierpunktzahl bei unseren internen Verkostungen und Brauereidaten.

Betrachte es einfach als Gesundheitsvorsorge für dein Unternehmen. Präventivmaßnahmen sind immer besser als die Notfallambulanz. Wenn man bedenkt, dass 80 Prozent aller Neuunternehmen scheitern, kann die Wichtigkeit einer regelmäßigen Gesundheitskontrolle gar nicht überschätzt werden. Wenn du etwas nicht misst und kontrollierst, hast du keinerlei Chance, es effektiv zu steuern. Ohne aktuelle Informationen kannst du keine durchdachten, lebensrettenden Entscheidungen treffen. Und du hast nicht die leiseste Ahnung, wie du deine Ressourcen verteilen sollst. Leben oder Tod – du hast die Wahl.

Keine Messung = kein Berichtswesen = keine Sichtbarkeit = kein Interesse = dein ultimativer Untergang. Sorg dafür, dass du die Dinge misst, kontrollierst und lenkst, die für das Überleben deiner Firma von Bedeutung sind.

KEINE MESSUNG
= KEIN BERICHTSWESEN
= KEINE SICHTBARKEIT
= KEIN INTERESSE
= DEIN ULTIMATIVER
UNTERGANG.

WIN, WIN, WIN

Verhandle über alles, als würde dein Leben davon abhängen. Das Leben deiner Firma tut das auf jeden Fall. Das Geheimnis des Verhandelns ist, nicht nur die Gegenseite dazu zu bringen, zu tun, was du willst – das bringt nichts weiter als einen kurzfristigen Vorteil. Das Entscheidende ist, dass sie tun *wollen*, was du willst, und du ihnen dabei das Gefühl gibst, sie hätten den Deal des Jahrhunderts gemacht. Mach sie so hungrig auf den Handel, dass ihnen das Wasser im Mund zusammenläuft.

Vorbei sind die Zeiten der bühnenreifen, testosterongeschwängerten Duelle, der gegeneinanderprallenden Geweihe hinter verschlossenen Türen, bei denen das Ziel darin bestand, die Gegenseite als unmittelbaren Gegner zu behandeln und in Stücke zu reißen. Heute sind die Türen weit offen, und herein kommt der erleuchtete Verhandlungsführer. Im modernen Business gehört Verhandeln zum Alltag. Du verhandelst permanent mit Mitarbeitern, Kunden, Lieferanten, Partnern, Designern und Rechtsanwälten. Alles hängt von deiner Fähigkeit ab, sie genauso für dein Unternehmen zu begeistern wie dich selbst, und der Erfolg deines Vorhabens beruht auf deiner Fähigkeit, sie enthusiastisch und absichtsvoll genau das tun zu lassen, was sie sollen.

Es sollte Überzeugen heißen, nicht Verhandeln, denn es geht wirklich mehr ums Überreden und sanften, unterschwelligen Druck als um knallhartes Verhandeln. Und es muss eine Win-win-Situation für beide Parteien erzeugen. Kooperation und Gegenseitigkeit im Hinblick auf den Nutzen sind das Gebot der Stunde. Es muss für jeden was drin sein. Wenn der Gewinn nicht beiderseitig ist, wirst du schnell neu verhandeln müssen, und zwar mit einem anderen Gegenüber.

Mach immer deine Verhandlungshausaufgaben. Informiere dich über deine Verhandlungspartner: wie sie ticken, was sie mögen und nicht mögen. Denk genau darüber nach, was für sie bei dem Deal drin ist, und bau deine Argumentation darauf auf, wie ihnen das Geschäft nützt – denn am Ende des Tages interessieren sie sich viel mehr für ihre eigenen Interessen als für deine.

Wenn es ums Verhandeln geht, solltest du erwägen, die traditionellen Spielregeln zu verändern, um deine Stärken zu maximieren. Nutze deine Mission und deine Marke. Schwör den Verhandlungspartner auf deinen Feldzug, dein Ethos und deine langfristige Strategie ein. Mach ihm den Vorteil schmackhaft, mit deiner Organisation verbunden zu sein. Lenk das Gespräch weg vom Finanziellen und leg den Schwerpunkt auf Partnerschaft, Bündnis, zukünftiges Wachstum und potenzielle Öffentlichkeitswirksamkeit.

Zum Beispiel wollten wir uns von der Bank Geld zum Zinssatz von vier Prozent leihen. Sie wollte uns Geld zu sechs Prozent leihen. Anstatt mit ihr zu streiten, stellten wir ein Angebot zusammen, in dem eingeschlossen war, dass wir ein paar Werbevideos für die Bank zu ihrer freien Verwendung drehten, dass wir Bierschulungen und Verkostungen für ihre Mitarbeiter durchführten (womit wir unsere Mission verbreiteten!) und dass ich auf einer ihrer Konferenzen eine Rede halten würde. Wir verfassten auch ein Dokument, in dem wir die Zinssätze aufführten, die wir von anderen Banken bekommen konnten, und darauf hinwiesen, dass wir die Bank wechseln würden, wenn wir nicht das gewünschte Verhandlungsergebnis erzielten. Daraufhin akzeptierten unsere Verhandlungspartner unseren vorgeschlagenen Zinssatz von vier Prozent und strebten das Geschäft aktiv an. Sie gewannen – sie konnten uns als Kunden behalten und bekamen ein paar coole Vergünstigungen für ihre Angestellten sowie Video-Content zur Verwendung im Marketing; wir gewannen auch – wir bekamen den finanziellen Deal, den wir brauchten.

Finde eine Lösung, eine Struktur und ein Verhandlungsergebnis, mit dem alle sich wohlfühlen und das dein Gegenüber positiv bewertet. Aber eines, das ultimativ um deine eigenen Wünsche herum gestaltet ist. Die Fähigkeit, andere leidenschaftlich das wollen zu lassen, was du willst, ist Macht in ihrer reinsten Form. Sie ist das Crack-Kokain des Business. Eine subtile Zwangsmanipulation für den Business-Punk des 21. Jahrhunderts.

SYSTEME SCHAFFEN ZIELE

Ziele sind etwas Magisches. Sie sind wie Bestätigungen für Leute, die nicht am Rande des Wahnsinns wandeln. Wer nicht weiß, wohin er will, hat keine große Chance, dort anzukommen. Du musst eine umfassende Vision schaffen und kuratieren, das gesamte Team total darauf einschwören und die Vision dann in Ziele herunterbrechen – Ziele für das Geschäft, Ziele für jede Abteilung und Ziele für jeden einzelnen Mitarbeiter. Wir alle brauchen eine Landkarte, um unseren Weg zu finden.

Du musst Ziele haben, du musst sie leben und atmen. Teil sie anderen mit. Schreib sie auf, sprüh sie auf Wände, tätowier sie dir auf den Hintern, starr sie ausgiebig an, sing sie, während du in der Sauna bist – tu, was immer notwendig ist, um sie dir einzuhämmern. Mach sie langfristig, mach sie kurzfristig, mach sie wahnwitzig ambitioniert und knapp außerhalb der Reichweite. Und vor allem mach sie verbindlich. Unambitionierte und langweilige Ziele lassen sich anderen verdammt schwer vermitteln, das ist noch schlimmer, als von Céline Dions Singerei und ihrem mageren Hals gefoltert zu werden.

Ziele sind aber nur eine Hälfte der Gleichung. Du kannst nicht einfach Ziele setzen und dann in den Sonnenuntergang abrauschen. Du musst auch Lenkung vermitteln und Klarheit darüber, wie sie erreicht werden sollen. Ohne einen Weg zu seiner Erreichung ist ein Ziel nur hohler, bedeutungsloser Quatsch. Gib ihm Kontext und Richtung, und es erwacht zum Leben. Liefere die Vision, die Strategie und die Mittel, mit denen dein Team deine Ziele erreichen kann.

Dazu brauchst du massenhaft Systeme – Dinge, die du auf einer konstanten Basis tust und die deine Chancen zur Erreichung der Ziele auf lange Sicht verbessern. Jedes Mal, wenn du eines deiner Systeme anwendest, machst du einen weiteren Schritt auf dein Ziel zu, ungeachtet der Ergebnisse der spezifischen Situation.

Egal welche Ziele du dir gesetzt hast, du solltest über eine Liste von handlichen Zielen verfügen, an denen du rigoros und unerschütterlich festhältst und die dir bei konsequenter Anwendung helfen, sowohl deine Ziele zu erreichen als auch langfristig deine Marke und dein Unternehmen zu stärken. Zum Beispiel könnten deine Ziele für das kommende Jahr lauten, den Umsatz um 50 Prozent zu erhöhen, die Mitarbeiterbindung zu steigern und fünf neue Standorte zu eröffnen. Während der kommenden zwölf Monate hältst du dich also an folgende Systeme:

- Gib deinen Mitarbeitern tagtäglich zwei aufrichtige und echte positive Bestärkungen.
- Nimm Abstand von jedem Neugeschäft, das weniger als 40 Prozent Bruttogewinn verspricht.
- Lies deine E-Mails nur jeden zweiten Tag.
- Stell sicher, dass alle neuen Mitarbeiter eine hervorragende Einarbeitung erhalten.
- Biete immer 30 Prozent weniger als den geforderten Preis für neue Standorte und lass dich nicht in einen Bieterwettkampf verwickeln.
- Achte immer darauf, dass du drei sehr gewinnträchtige Angebote hast, ehe du dich entschließt, mehr als einen bestimmten Betrag auszugeben.

Deine Systeme sind ganz speziell auf dich, deine eigenen kleinen Grundsätze, deine Wahrheiten und deine Antriebskräfte ausgerichtet. Wenn du rigoros daran festhältst, führen sie dich langfristig zum Erfolg. Das Entscheidende ist hier die Beständigkeit.

Um größtmögliche Wirkung zu erzielen, müssen Ziele und Systeme Hand in Hand arbeiten. Ziele lassen sich am besten durch die entschlossene Anwendung von Systemen erreichen. Du musst dich auch von den Ergebnissen dessen lösen, was du tust. Alles, was du machen kannst, ist, die bestmöglichen Entscheidungen zu treffen, deine Systeme umzusetzen, deiner Mission treu zu bleiben und dich auf deine Ziele zuzubewegen. Alles andere liegt nicht in deiner Hand.

MACH EINEN BOGEN UM AUSSCHÜSSE

Ausschüsse sind absolut tödlich, sowohl für das nun ermordete in Entstehung befindliche Konzept als auch für die Gesundheit aller Betroffenen. Sie sind die Antithese des kreativen Prozesses. Eine Brainstorming-Sitzung ist nur was für Hirntote. Zusammenarbeit ist was für Ideenlose, die verzweifelt versuchen, irgendeinen unausgegorenen Blödsinn aus dem Nichts zu zaubern. Spar dir Zeit und Energie und löse den Ausschuss auf, bevor er überhaupt gebildet wurde.

Opfere deine Idee nicht auf dem Altar der Ausschüsse. Sie werden ihr das Herz rausreißen und ihre Seele fressen. Alles, was mit Rudelverhalten zu tun hat, zwingt dich in die Knie, zieht dich runter und macht dich kaputt. Ausschüsse sind der Nährboden für Kompromisse, denn darin regiert die Tyrannei der Konformität. Konformität ist kein Ort für Risiken, und der Kompromiss ist kein Ort für Innovation.

Zu viele Köche verderben den Brei, im besten Falle hast du das Offensichtliche aufgewärmt, im schlimmsten etwas anbrennen lassen, das Potenzial hatte. Dreh die Flamme runter und verlass die Küche. Du kannst dein letztes Hemd darauf verwetten: Wenn du ein paar Holzköpfe nach ihrer Meinung fragst, dann haben sie auch eine. Und egal ob sie gut, schlecht oder unbestimmt ist, sie verstellt dir den Blick.

Du brauchst Selbstvertrauen und Integrität und den Mut deiner Überzeugungen, um deine eigenen Ideen durchzusetzen. Ideen sind zerbrechlich; man muss sie streicheln, bis sie schnurren. Sie dürfen nicht von einem Konferenzraum voller Knalltüten verwässert und verkompliziert werden.

Wie alles im Leben fangen auch die besten Ideen klein an. Sie entstehen aus den zentralen Visionen von Einzelnen oder kleinen und lang bestehenden, eng verbundenen Teams; Teams, die wie eine Erweiterung deiner eigenen Persönlichkeit sind und nicht ihr Anhängsel. Dann kannst du deine V8 verfeinern, bis die Auspuffrohre heulen und blau glühen.

Wenn du erst mal ein Konzept abgestimmt, festgezurrt und startklar hast, dann kannst du diese Vision von kleinen Teams umsetzen und verwirklichen lassen. Die individuelle Vision ist immer die Kraft hinter wirklich bemerkenswerten Ideen und Konzepten. Und das gilt für alle Positionen, von ganz oben bis ganz unten und wieder zurück.

Ausschüsse sind für Ideen dasselbe wie Kryptonit für Superman.

IDEEN SIND ZERBRECHLICH;
MAN MUSS SIE STREICHELN,
BIS SIE SCHNURREN.
SIE DÜRFEN NICHT VON
EINEM KONFERENZRAUM
VOLLER KNALLTÜTEN
VERWÄSSERT UND
VERKOMPLIZIERT WERDEN.

BEI VIELEN GELEGENHEITEN
MUSST DU RÜCKSICHTSLOS,
BRUTAL, KALTBLÜTIG
UND ZYNISCH SEIN.

DAS IST IN ORDNUNG,
SOLANGE ES ZUM
LANGFRISTIGEN BESTEN
DESSEN IST, WAS DU
ERREICHEN WILLST.

VERNÜNFTIG SEIN IST WAS FÜR ANSPRUCHSLOSE WEICHEIER

»Ein vernünftiger Mensch passt sich der Welt an; ein unvernünftiger bemüht sich unablässig, die Welt an sich anzupassen. Deshalb geht aller Fortschritt auf unvernünftige Menschen zurück.«

George Bernard Shaw (Bilderstürmer des Prä-Punk)

Wenn du ein Unternehmen wachsen lassen willst, vergiss alles, was du über Vernunft weißt. Du musst die Unvernunft zum Prinzip erheben und die Fähigkeiten haben, deinen Standpunkt zu verteidigen. Kümmer dich um die Belange deiner Mitarbeiter und deines Geschäfts, sonst nichts. Bei vielen Gelegenheiten musst du rücksichtslos, brutal, kaltblütig und zynisch sein. Das ist in Ordnung, solange es zum langfristigen Besten dessen ist, was du erreichen willst. Denk an eine Löwin, die eins ihrer Jungen frisst, um den anderen das Überleben zu sichern. Manchmal musst du deine Lieblinge töten.

Vergiss den Standpunkt der Vernunft, den Mittelweg und den Kompromiss. Es gibt Zeiten, da musst du bis zum letzten Blutstropfen für ein Ergebnis kämpfen, das nicht vernünftig ist, aber die bestmögliche Lösung für dein Unternehmen darstellt. Es wird verdammt hart sein, das Überleben deiner Firma zu sichern. Vernünftig zu sein ist eine Möglichkeit, es mit hoher Wahrscheinlichkeit zu verkacken.

Du darfst kein Nein akzeptieren. Lote jede einzelne Perspektive und jede einzelne Idee aus. Sicher wirst du manche Leute furchtbar nerven. Aber du bist viel zu beschäftigt, um dir etwas daraus zu machen. Es geht nicht darum, was vernünftig ist. Es geht darum, was das Beste für dein Geschäft ist. Nur allein die Vorstellung eines Kompromisses sollte dir körperliche Schmerzen verursachen. Wenn du nicht für deine Sache kämpfst, tut es keiner.

LAUF KEINEM TREND HINTERHER

»Ich lese gerne Modemagazine, sie zeigen mir genau, was ich nicht machen sollte.«

Estée Lauder (Mode-Punk)

ICH BIN EIN ZEITGEIST.

ICH BIN NICHT AUF DIESER WELT, UM MICH UNTERZUORDNEN, DURCH MEINE ADERN FLIESST KEINE FÜGSAMKEIT.

ICH BIN KEIN SCHAF, DAS AUF DEN ANSTOSS DES SCHÄFERS WARTET.

ICH BIN EIN ZEITGEIST,
UND ICH WEIGERE MICH,
MIT DEN SCHAFEN ZU BLÖKEN,
MIT IHNEN ZU WANDERN,
BEI IHNEN ZU RUHEN.

DAS SCHLACHTHAUS DER
KONFORMITÄT IST NICHT
MEINE BESTIMMUNG.

ICH BIN EIN ZEITGEIST.

BEER

FAZIT: ES IST ALLES NUR EIN SPIEL

»Wenn du nicht von Anfang an leidenschaftlich genug bist, hältst du es nicht durch.«

Steve Jobs (Business-Punk)

Durch Dreck, Wut und Originalität veränderten die echten Punks alter Schule die Musikwelt, und jetzt hat eine ganz neue Generation von Punks die Chance, die Business-Welt zu verändern. Punk war die Geburtsstunde der Individualität. Heute müssen Unternehmen mehr denn je den Mut besitzen, sich durch Rebellion und Anarchie von anderen abzuheben und ebenfalls Individuen zu sein. Das Herz der Punk-Bewegung ist der dadaistische Grundsatz, Alltägliches zur Kunstform zu erheben. Erhebe den Geschäftsalltag zur Kunstform und nimm teil an der neuen Welle von Revolutionären, die der Wirtschaftswelt ein neues Gesicht geben.

Im Business geht es nicht mehr um überqualifizierte Anzugträger in spießigen Konferenzräumen. Es geht um ganz normale Menschen, die den Mut und die Vision besitzen, Außergewöhnliches zu tun. Die Methoden haben sich in den letzten Jahren radikal verändert und eine ganz neue Welt der Chancen für jene eröffnet, die kühn genug sind, sie zu ergreifen.

DIE PUNKS ALTER SCHULE ERLERNTEN DIE FÄHIGKEITEN, DIE SIE BRAUCHTEN, UM ERFOLG ZU HABEN.

Vergiss das Althergebrachte. Vernichte das Establishment. Schaff eine neue Weltordnung. Durch die Beachtung einiger Grundprinzipien kann jeder zum waschechten Business-Punk werden.

Achte ganz genau darauf, dass deine Leidenschaft und deine Mission übereinstimmen und gleichzeitig miteinander kollidieren – wie ein Fluxkompensator der Rechtfertigung für deine Existenz und Relevanz. Das größte Vermächtnis des Punk, der unabhängige, antiautoritäre Geist, muss in deinem gesamten geschäftlichen Vorgehen verkörpert sein. Wähle den Weg des Do it yourself und erlerne die Fähigkeiten, die du brauchst, um zu überleben und dein eigenes Unternehmen aufzubauen. Verlass dich auf niemanden, in keiner Hinsicht.

Sorg dafür, dass Leidenschaft jede Facette deines Unternehmens durchzieht. Jede Entscheidung muss mit Leidenschaft und Willen getroffen werden und dich näher an das Ziel deines Missionsfeldzugs bringen. Und wie alle Feldzüge wird er lange dauern, und der Weg ist lang und steinig.

Ignoriere Ratschläge, vergiss Marktforschung, lach die Bedenkenträger und Zweifler aus. Mach dich lustig über deine Kritiker und Gegner. Leb deine Träume nicht durch andere. Mach nicht die Fehler anderer. Und lass deine Entscheidungen nicht von Leuten beeinflussen, die gleichgültig sind oder keine Ahnung haben.

Vergiss nicht: Punk zu sein heißt nicht, dass du keine Ahnung vom Geld hast. Die Punks alter Schule erlernten die Fähigkeiten, die sie brauchten, um Erfolg zu haben. Am besten versetzt du das Establishment in Angst und Schrecken, wenn du ihm klarmachst, dass du über die Kenntnisse verfügst, um es mit seinen eigenen Waffen zu schlagen, ehe du es nach deinen Regeln spielen lässt.

Stell deine Mitarbeiter an die erste Stelle. Liebe sie, verehre sie, fördere sie und gib ihnen das Selbstvertrauen, die Kenntnisse, die Gelegenheiten und die Ressourcen, es mit der Welt aufzunehmen. Und zu gewinnen. Ein Unternehmen ist nichts anderes als die Summe seiner Mitarbeiter. Sorg dafür, dass deine Summe sich exponentiell multipliziert.

Sei hartnäckig, unbeugsam und treu. Folge deinen Instinkten und halt an deinem Kurs fest. Arbeite hart, sei leidenschaftlich und genieße das Abenteuer. Ach ja, und tu nicht mal so, als würde es dich kümmern, was andere denken.

Du musst ebenso rücksichtslos getrieben wie brutal unvernünftig sein. Du musst ebenso leidenschaftlich und selbstsüchtig wie fleißig und entschlossen sein. Du musst alles in die Waagschale werfen, woran du glaubst.

Weiter oben habe ich gesagt, dass du Ratschläge ignorieren sollst. Das schließt logischerweise auch alle Ratschläge in diesem Buch ein. Also, wenn du wirklich schlau bist, ignorierst du vermutlich das gesamte Buch. Beherzige es, vergiss es, mach damit, was du willst. Aber mach irgendwas.

Und vergiss niemals: Es ist alles nur ein Spiel.

WEITER OBEN HABE ICH
GESAGT, DASS DU RATSCHLÄGE
IGNORIEREN SOLLST.

DAS SCHLIESST
LOGISCHERWEISE AUCH
ALLE RATSCHLÄGE IN
DIESEM BUCH EIN.

ÜBER DEN AUTOR

Nach sieben Jahren als Fischer auf dem Nordatlantik und einem Beruf als Junganwalt gründete James Watt im Alter von nur 24 Jahren mit seinem Freund Martin Dickie die Craft-Beer-Brauerei BrewDog. Sie hatten keinen Businessplan, nur einen Auftrag: Sie wollten das Biertrinken revolutionieren und auch andere für Craft Beer begeistern. Und das gelang ihnen sehr erfolgreich: BrewDog wurde innerhalb weniger Jahre zu der am schnellsten expandierenden Brauerei in Großbritannien.

GRÜNDE KEIN UNTERNEHMEN,
SONDERN ZETTLE EINE
REVOLUTION AN.
BREWDOG
PUNK IPA
POST MODERN CLASSIC
ALC. VOL
BREWDOG
PUNK IPA
BREWDOG
PUNK IPA